工业和信息化精品系列教材

人工智能概论

项目式｜微课版

李文斌 韩提文 刘少坤 ◉ 主编
于丽娜 耿琳 王颜羽 魏云素 ◉ 副主编

INTRODUCTION OF
ARTIFICIAL INTELLIGENCE

人民邮电出版社
北京

图书在版编目（CIP）数据

人工智能概论 : 项目式 : 微课版 / 李文斌，韩提文，刘少坤主编. -- 北京 : 人民邮电出版社，2024.8

工业和信息化精品系列教材

ISBN 978-7-115-58339-0

Ⅰ. ①人… Ⅱ. ①李… ②韩… ③刘… Ⅲ. ①人工智能－教材 Ⅳ. ①TP18

中国版本图书馆 CIP 数据核字(2021)第 259512 号

内 容 提 要

本书系统地介绍人工智能相关技术，项目 1 介绍人工智能的基本概念和相关的前沿技术，项目 2 至项目 4 介绍人工智能与大数据、物联网、云计算等前沿技术结合的具体案例，项目 5 至项目 7 介绍人工智能与数字媒体、现代通信技术、项目管理等信息技术结合的应用案例，项目 8 至项目 14 介绍人工智能在人脸识别、语音识别、无人驾驶、区块链、虚拟现实、信息安全、机器人等领域的应用。本书以基础理论为载体，以真实案例为导向，力求提高读者对人工智能的兴趣，达到培养读者逻辑思维能力、实践能力、自主学习能力和团队合作能力的目的。

本书既可作为普通本科院校、职业本科院校、高职（专科）院校相关专业的人工智能课程的教材，也可作为想了解人工智能的读者的参考书。

◆ 主　　编　李文斌　韩提文　刘少坤

　副 主 编　于丽娜　耿　琳　王颜羽　魏云素

　责任编辑　桑　珊

　责任印制　焦志炜

◆ 人民邮电出版社出版发行　　北京市丰台区成寿寺路 11 号

　邮编　100164　　电子邮件　315@ptpress.com.cn

　网址　https://www.ptpress.com.cn

　涿州市京南印刷厂印刷

◆ 开本：787×1092　1/16

　印张：11.75　　2024 年 8 月第 1 版

　字数：284 千字　　2025 年 1 月河北第 3 次印刷

定价：48.00 元

读者服务热线：(010)81055256　印装质量热线：(010)81055316

反盗版热线：(010)81055315

广告经营许可证：京东市监广登字 20170147 号

前言

在当今时代，智能化是信息技术发展的主流趋势，人工智能应用已经渗透到科学探索、经济建设、社会生活等各个领域。为适应新一轮科技革命和产业变革，促进专业交叉融合，新一代信息技术的进一步发展迫在眉睫。人工智能发展已经上升为国家战略，智能时代的计算机教育将面临全新的挑战和机遇。本书的编写目的就是助力“新工科＋人工智能”时代复合型人才的培养，激发学生学习人工智能的兴趣，为相关专业的学生提供人工智能学习机会，使学生初步了解人工智能的基本知识和框架结构，为其在人工智能各应用领域的实践奠定基础，从而推动人工智能的普及和发展。

本书积极贯彻落实党的二十大精神，做到学科教育和习近平新时代中国特色社会主义思想，以及党的二十大精神有机融合。人工智能是相关专业学生必须掌握的新一代信息技术。本书以“项目任务”为框架，以“理实一体化”为宗旨，注重实践与创新能力的培养，既有普适性的理论知识介绍，又有充足的案例分析，可以帮助“零基础”读者学习人工智能，了解什么是人工智能，人工智能研究什么，有哪些人工智能的算法与模型，人工智能新的发展与应用会怎样影响当今社会的各个领域。

本书系统地介绍人工智能相关技术，各项目内容如下。

项目 1 介绍人工智能的基本概念和相关的前沿技术，重点探究人工智能已经广泛成功应用的领域，启迪读者对人工智能未来的发展方向的思考。

项目 2 介绍大数据和用户画像的相关概念,举例分析和演示了大数据用户画像的构建流程，并且介绍了大数据和人工智能的关系及其他应用场景。

项目 3 介绍物联网的相关内容。人工智能需要落地的应用作为载体，物联网就是重要的载体。该项目以智慧交通为案例，阐述物联网设备如何收集、产生大量的数据，以及如何利用这些数据，并且介绍了人工智能物联网的其他关键技术。

项目 4 介绍云计算技术的相关概念、历史、服务类型等基础知识。通过实际任务实施介绍了在云计算平台购买服务的步骤，并且介绍了云计算的特点及云计算与人工智能的结合。

项目 5 介绍数字媒体的相关概念、HTML5 技术、流媒体技术、计算机动画技术等知识。通过实际任务实施介绍了创建及制作数字媒体项目的过程，并且介绍了数字媒体关键技术的应用。

项目 6 介绍现代通信技术的相关概念、历史、主流技术等基础知识，以及固定电话通信

前　言

过程、移动电话通信过程，并且介绍了 5G 技术。

项目 7 介绍项目管理的相关概念以及人工智能在项目管理中的应用等内容，并且介绍了甘特图的相关知识及制作过程。

项目 8 介绍人脸识别的相关概念、应用领域和关键技术，通过人工智能开放平台带领读者体验人脸检测、人脸关键点定位、人脸对比等人脸识别技术的应用，并且介绍了人脸识别的安全问题。

项目 9 介绍语音识别的相关概念、历史、应用与前景等基础知识，通过实际任务实施介绍了语音识别技术实现与应用典型案例，并且介绍了语种识别、声纹识别、语音情感识别、语音合成等其他语音识别相关技术的概念、框架及应用案例。

项目 10 介绍无人驾驶的基本概念、历史与分级等内容，以及无人驾驶路径算法实现，并且介绍了无人驾驶其他相关技术。

项目 11 介绍区块链的概念与分类、区块链关键技术等内容，通过实际任务实施介绍了区块链合约开发实践，并且介绍了区块链的前沿技术。

项目 12 介绍虚拟现实的概念与应用领域、前沿知识等内容，通过实际任务实施介绍了虚拟现实应用开发，并且介绍了虚拟现实未来发展趋势。

项目 13 介绍信息安全的相关概念、信息安全检测等基础知识，通过实际任务实施介绍了华为云 Web 应用防火墙，并且介绍了信息安全相关的关键技术。

项目 14 介绍智能机器人的概念、历史和分类，以银行智能机器人为例，引领读者学习机器人的设计与实现，并且介绍了智能机器人的前沿技术。

本书由河北工业职业技术大学李文斌、韩提文、刘少坤担任主编，于丽娜、耿琳、王颜羽、魏云素担任副主编，张晨亮、刘行言、孙志成、李招康、王江鹏及山东浪潮优派科技教育有限公司陈天真担任参编。

意见反馈

虽然我们付出了最大的努力，但书中难免存在不足之处，欢迎各界专家和读者来信给予宝贵意见，我们将不胜感激。

编　者

2023 年 5 月

目录

目录

目录

目录

目 录

项目1 认识人工智能

01

人工智能如今发展得如火如荼，它与大数据、物联网、人脸识别、语音识别、无人驾驶和机器人等技术相辅相成，为人们的生活带来巨大的改变。目前，人工智能的发展到达了一个新的阶段，并与人类社会的发展正进行着深度融合，人工智能已经成为推动人类社会发展和科学技术进步的新动力。

本项目从人工智能的历史、分类与研究内容切入，介绍人工智能相关技术，使读者可以对人工智能有较为客观的认知，引领读者对人工智能领域产生浓厚的兴趣，启发读者对人工智能的思考。

知识目标

- 了解人工智能的历史。
- 熟悉人工智能的分类。
- 掌握人工智能的研究内容与应用领域。

技能目标

- 能够在人工智能开放平台上进行简单的操作。
- 能够利用网络检索人工智能的相关知识。
- 能够正确理解人类和人工智能的关系。

素养目标

- 培养灵活思维以及处理和分析信息的能力。
- 培养数字化思维。

1.1 任务引入

人工智能（Artificial Intelligence，AI）已经深入我们生活的方方面面，在教育、金融、交通、医疗健康、家居等多个领域实现技术落地，为我们的生活提供了极大的便利。

在学习过程中遇到不会的难题，不用担心没有老师帮忙，人工智能学习机可以扫描问题，并给出答案和讲解视频，让学习变得更轻松。在上课过程中，针对一些工作场景，老师可以借助虚拟现实技术进行辅助教学，让学生有身临其境的感觉，让课堂变得更加生动。

以前，人们到陌生的城市旅游，需要手拿纸质地图，有时可能会因为地图更新不及时而走很多弯路，如果去国外旅游还会遇到语言不通的问题。而现在，电子地图会帮我们规划最优的出行路线，即使我们走错路，它也会为我们重新规划路线；我们也不用担心语言不通的问题，人工智能翻译笔通过人工智能语音识别技术可以实时翻译多国语言。

人工智能使我们的生活更加美好。现在，我们越来越离不开人工智能，无法想象，如果没有人工智能学习机、地图软件、打车软件等人工智能相关的落地产品，我们的生活会多么不便。沐浴在人工智能的春风之下，生活变得更加便捷、美好。

1.2 相关知识

1.2.1 人工智能是什么

人工智能是研究、开发用于模拟、延伸和扩展人的智能的理论、方法、技术及应用系统的一门新的技术学科。它作为计算机科学的一个重要分支，由斯坦福大学的麦卡锡于1956年在达特茅斯会议上正式提出。20世纪70年代以来，人工智能被称为世界三大尖端技术（空间技术、能源技术、人工智能）之一。目前的另一种说法将人工智能称为21世纪三大尖端技术（基因工程、纳米科学、人工智能）之一。

1.1 人工智能的认识

人工智能从字面上理解是智能的人工制品，是研究如何将人的智能转化为机器智能、利用机器来模拟或实现人的智能的技术。目前，关于人工智能的定义和其他新兴学科一样尚无统一的定论。著名学者温斯顿教授这样定义人工智能：人工智能就是研究如何使计算机去做过去只有人才能做的智能工作。简而言之，人工智能主要研究用人工的方法和技术，模拟、延伸和扩展人的智能，实现机器智能。

1.2.2 人工智能的历史

人工智能自1956年被公认为一个学科以来，经历了几十年的发展，在很多科学领域都获得了广泛应用并取得了丰硕的研究成果。例如，人工智能可以战胜围棋世界冠军，也可以在人们浏览网页时为人们推荐商品，还可以为人们提供导航、翻译等功能。然而，从最初简单的人工智能产品到现在能够在围棋方面战胜世界冠军的 AlphaGo，人工智能的发展经历了多次起伏。图 1.1 所示为人工智能的历史。由于计算机运算能力的不足以及理论算法研究的限制，人工智能曾经在 20 世纪 60 年代出现了发展的延迟期。大数据、云计算、深度学习等技术的出现，推动了人工智能的快速发展，近年来，出现了许多里程碑式的事件：1997 年，IBM 公司开发的“深蓝”计算机战胜了国际象棋世界冠军；2014 年，一款名为尤金·古斯特曼的计算机程序模拟 13 岁的男孩，成功通过了图灵测试；2016 年、2017 年，人工智能围棋程序 AlphaGo 先后击败了两名围棋世界冠军。

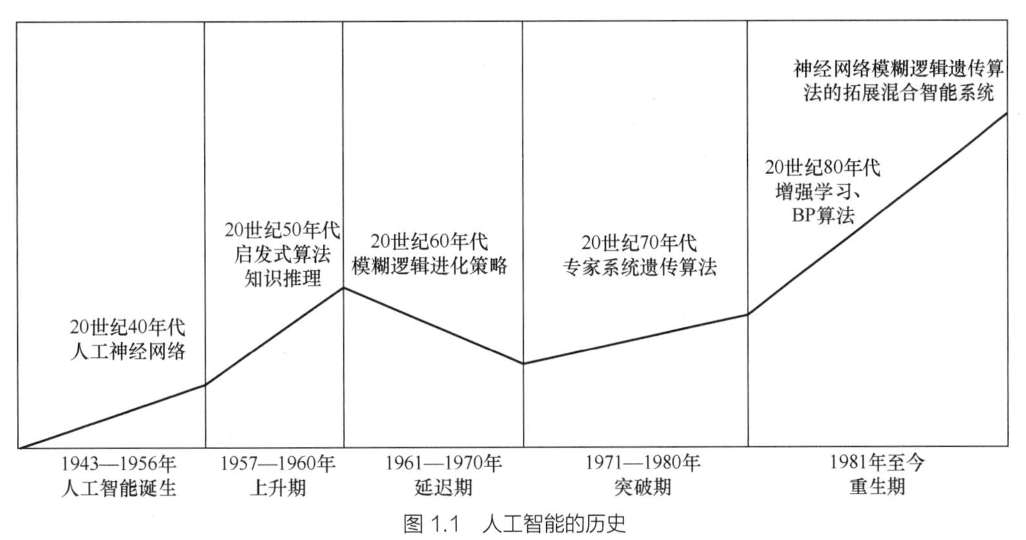

图 1.1　人工智能的历史

1.2.3　人工智能的分类

人工智能按照实力标准划分，一般可以分为 3 个层级：弱人工智能、强人工智能和超人工智能。

（1）弱人工智能（Artificial Narrow Intelligence，ANI）。弱人工智能是指擅长单个方面的人工智能。战胜围棋世界冠军的 AlphaGo 就属于弱人工智能，因为它只会下围棋，无法完成除下围棋外的其他任务。

（2）强人工智能（Artificial General Intelligence，AGI）。强人工智能是指在各方面都能和人类比肩的人工智能，人类能进行的脑力活动它都能进行。创造强人工智能产品比创造弱人工智能产品难得多，我们现在还做不到。

（3）超人工智能（Artificial Super Intelligence，ASI）。科学家将超人工智能定义为在几乎所有领域都比人类大脑聪明得多的人工智能。超人工智能可以在各方面都比人类强一点，也可以在各方面都比人类强万亿倍。

目前的人工智能均属于弱人工智能层级，强人工智能还无法实现，超人工智能更是遥遥无期。据估算，人脑的运算能力（用每秒计算次数表示）达到了 10^{16} 次 /s，若要实现强人工智能或者超人工智能，人工智能至少需要具备和人脑相似的运算能力。

我国的超级计算机“神威·太湖之光”“天河二号”如图 1.2 所示。

图 1.2 我国的超级计算机

这两台超级计算机的运算能力分别达到了 9.3×10^{16} 次 /s 和 3.39×10^{16} 次 /s，均超过了人脑的运算能力。但以“天河二号”超级计算机为例，其占地面积约为 720m^2，造价约为 25 亿元，最大运行功耗约为 17.8MW，显然无法得到广泛的应用。仅仅运算能力达到了要求还不足以支撑弱人工智能到强人工智能的发展，理论算法研究是发展的另一个限制。目前人类对人脑结构及其工作模式的认识还不够全面，而且即使对人脑结构及其工作模式有了深入的了解，也不意味着人工智能可以实现对人脑的模拟。

1.2.4 人工智能的主要学派

人工智能发展至今，产生了许多不同的学派，其中影响较大的主要有符号主义、联结主义、行为主义和仿真主义等学派。

1. 符号主义

符号主义（Symbolism）是一种基于逻辑推理的智能模拟方法。符号主义学派又称为逻辑主义（Logicism）学派、心理主义（Psychologism）学派或计算机学派。在很长一段时间内，符号主义学派在人工智能发展中处于主导地位。

符号主义学派认为人工智能源于用于描述智能行为的数学逻辑。计算机出现后，人们利用计算机实现了逻辑演绎系统。符号主义学派把人的认知思维看作一个个的符号，人的认知过程就是用各种符号表示的一种运算过程。符号主义学派认为用计算机的符号能够模拟人的认知过程，从而模拟人的抽象逻辑思维，具体来说就是通过研究人类认知系统的功能机理，用某种符号来描述人类的认知过程，并把这种符号输入计算机中，从而模拟人类的认知过程，实现人工智能。专家系统就是符号主义的产物，专家系统的成功开发与应用对人工智能走向工程应用和实现理论联系实际具有重要的意义。在人工智能的其他学派出现之后，符号主义学派仍然是人工智能的主流学派。

2. 联结主义

联结主义（Connectionism）是一种基于神经网络及网络间的连接机制与学习算法的智能模拟方法。联结主义学派又称为仿生学派或生理学派。联结主义学派认为人工智能源于仿生，该学派特别重视对人脑模型的仿生研究。

1943 年，生理学家麦卡洛克（McCulloch）和数理逻辑学家皮茨（Pitts）创立了 M-P 模型，开创了用电子装置模仿人脑结构和功能的途径，M-P 模型成为联结主义发展的代表性成果。

M-P 模型从神经元开始研究神经网络模型和脑模型，开辟了人工智能的又一条发展道路。联结主义学派从神经生理学和认知科学的研究成果出发，认为人的智能是人脑的高层活动的结果，人的智能活动是由大量简单的单元通过复杂的相互连接后并行运行的结果。1986 年，鲁梅尔哈特（Rumelhart）等提出多层网络中的误差逆传播（Back Propagation，BP）算法，为神经网络计算机走向市场打下了基础。BP 算法流行至今，也衍生出了很多改进型的 BP 算法。现在常见的人工神经网络就是联结主义学派的一个主要研究方向。

3. 行为主义

行为主义学派又称进化主义（Evolutionism）学派或控制论学派。行为主义是一种基于“感知 - 行动”的智能行为模拟方法。行为主义学派起源于 20 世纪初的一个心理学派。该心理学派认为，行为是有机体用以适应环境变化的各种身体反应的组合，行为主义学派的理论目标在于预见和控制行为。控制论认为，神经系统的工作原理与信息理论、控制理论、逻辑以及计算机都有相关性。控制论早期的研究工作是模拟人在控制过程中的智能行为和作用，例如对自寻优、自适应、自校正、自镇定、自组织和自学习等控制论系统进行研究，并进行“控制动物”的研制。在 20 世纪 40 年代—20 世纪 50 年代，控制论思想成为时代思潮的重要组成部分，例如，维纳和麦卡洛克等人提出了控制论和自组织系统，钱学森等提出了工程控制论和生物控制论等。20 世纪 60 年代—20 世纪 70 年代，控制论系统的研究取得了一定进展。在 20 世纪 80 年代诞生了智能控制和智能机器人系统。图 1.3 所示为行为主义学派的代表作——大狗机器人。

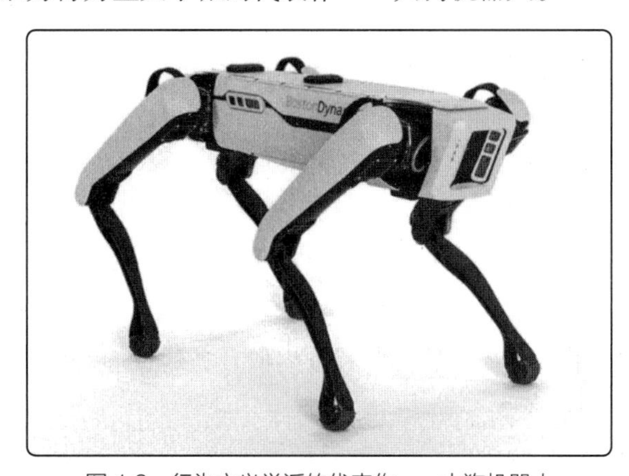

图 1.3　行为主义学派的代表作——大狗机器人

4. 仿真主义

仿真主义学派可以说是继符号主义学派、联结主义学派、行为主义学派后的第 4 个学派。人工智能的发展要想由当前的“弱人工智能”时代进入“强人工智能”时代，仅仅依靠符号主义学派、联结主义学派、行为主义学派这 3 个学派是不够的，即使未来有更高性能的计算平台和更大规模的大数据助力，人工智能的发展也只会产生量变，不会产生质变。

仿真主义学派认为，实现人工智能要从人的真实大脑结构入手，通过制造先进的大脑探测工具从结构上解析大脑，然后利用工程技术手段构造出模仿大脑神经网络神经元及结构的仿脑装置，最后通过环境刺激和交互训练仿真大脑实现类人智能，归纳起来就是“先结构，后功能”。例如，可以利用计算机作为逻辑推理等智能的实现载体，按照仿真主义的路线“仿制大脑”，设计制造软硬件系统，做成“类脑计算机”，又称“仿脑机”。“仿脑机”是“仿真工程”的标志性成果，也是通向“强人工智能”之路的重要里程碑。虽然完成“仿制大脑”这项工程十分困难，但是在科技发达的几十年后未必不能实现。

1.2.5 人工智能的研究内容

人工智能作为一门综合性的学科，在控制论、信息论和系统论的基础上诞生，涉及哲学、心理学、认知科学、计算机科学等领域的方法，这些方法为人工智能的研究提供了丰富的理论知识。人工智能的主要研究内容如图 1.4 所示。

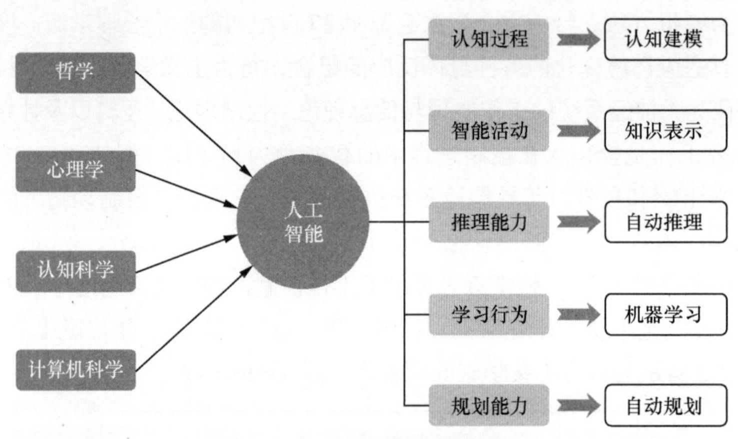

图 1.4 人工智能的主要研究内容

人工智能的主要研究内容介绍如下。

（1）认知建模。人类的认知过程复杂，认知建模的目的是从某些方面探索和研究人的思维机制，尤其是人的信息处理机制。

（2）知识表示。知识表示是指将人类知识形式化或者模型化。人类的智能活动过程主要是获得并应用知识的过程，人类通过实践，认识到客观世界的规律，将它们加工、整理、解释和改造形成知识。为了使计算机具有智能，并可以模拟人类的智能行为，须使它具有能用适当形式表示的知识。

（3）自动推理。自动推理表示在计算机的支持下，通过一个或多个已知的前提推断出一个新结论的思维形式，其目的是求解问题。自动推理的理论和技术是专家系统、智能机器人等研究领域的重要基础。

（4）机器学习。机器学习主要研究如何让机器模拟或实现人类的学习行为，使其自动获取新的知识或技能，并且重新组织已有的知识结构，不断改善自身的性能。机器学习是人工智能研究的核心问题之一，是当前理论研究与实际应用非常活跃的领域。只有让机器具有类似人类的学习能力，才有可能实现人类水平的人工智能。

机器学习依据不同的分类标准有多种分类方式。按照学习策略，机器学习可分为机械学习、示教学习、类比学习和归纳学习；按照学习方式，机器学习可分为监督学习、无监督学习，具体介绍如下。

① 监督学习。监督学习最典型的应用包括分类、回归等。监督学习使用的训练数据具有标签，学习的过程就是在有标签“监督”的情况下找出特征与标签之间的关系。

② 无监督学习。与监督学习不同，无监督学习使用的数据没有标签。这类学习最典型的应用之一是聚类，学习的过程是根据数据、特征之间的内在联系来划分样本空间。

目前机器学习的应用十分广泛，如数据挖掘、计算机视觉、医学诊断、语音识别、自然语言处理等领域。

（5）自动规划。自动规划（Automatic Planning）是一种重要的问题求解技术，与一般问题求解技术相比，自动规划更注重问题的求解过程，而不是求解结果。自动规划是继专家系统和机器学习之后人工智能的一个重要应用领域，也是机器人学的一个重要研究领域。

1.2.6 人工智能与机器学习

从 20 世纪 50 年代起，人工智能经历了从赋予机器逻辑推理的能力到设法让机器拥有知识再到让机器能够自己学习知识的过程。机器学习就是人工智能研究发展到一定阶段的必然产物。机器学习研究的是计算机怎样模拟人类的学习行为，以获取新的知识或技能，并重新组织已有的知识，使之不断完善自身功能，简单地说，就是计算机从数据中学习出规律和模式，将其应用在新数据上做预测的任务。机器学习算法可划分为监督学习算法、无监督学习算法、强化学习算法。图 1.5 所示为机器学习算法的分类。

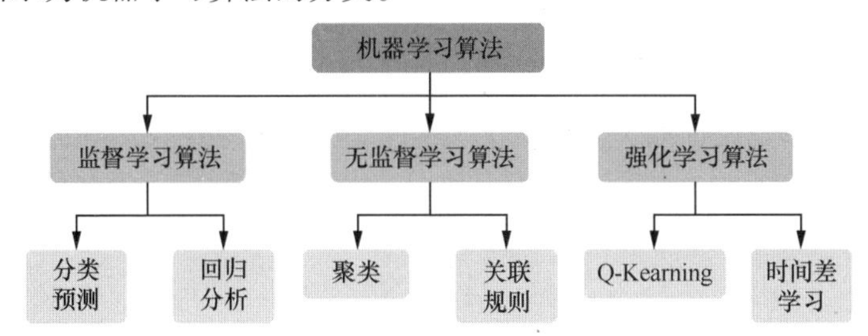

图 1.5 机器学习算法的分类

目前机器学习有以下几种经典算法。

- K 均值（K-Means）聚类算法：一种聚类方法，用于将数据划分为 K 个聚类。
- 支持向量机（Support Vector Machine，SVM）算法：一种监督学习算法，用于分类与回归分析。
- Apriori 算法：一种比较有影响力的挖掘布尔关联规则频繁项集的算法。
- K 近邻算法：一个样本的类别与其在特征空间中最为相似的 k 个样本中大多数的类别相同，常用于分类、回归分析。
- 分类回归树算法：一种应用广泛的决策树学习算法，由特征选择、树生成及剪枝组成，用于分类、回归分析。
- 朴素贝叶斯算法：一种基于贝叶斯法则与特征条件独立假设的分类算法。
- 逻辑回归算法：一种强大的统计学算法，使用逻辑函数来估计概率，从而衡量类别依赖变量和一个或多个独立变量之间的关系。

近 20 年来，机器学习与统计学和神经学的交叉，极大地改变了我们的生产和生活方式，很多技术早已应用在我们身边。从搜索引擎到指纹识别，从用户推荐到机器翻译，从图像理解到辅助驾驶，我们每天都在使用机器学习的技术。图 1.6 所示为人工智能、机器学习和深度学习之间的关系。人工智能有很多技术，其中一种是机器学习——通过算法从数据中学习。深度学习是机器学习的一个子集，它使用多层神经网络来解决较难的问题。其应用领域主要有计算机视觉（Computer Vision，CV）、自然语言处理（Natural Language Processing，NLP）、自动语音识别（Automatic Speech Recognition，ASR）等，主流算法有卷积神经网络（Convolutional Neural Network，CNN）、循环神经网络（Recurrent Neural Network，RNN）、长短期记忆（Long Short-Term Memory，LSTM）神经网络、Transformer 模型等。

图 1.6　人工智能、机器学习和深度学习之间的关系

1.2.7　人工智能技术类型

人工智能技术类型主要包括专家系统、数据挖掘、自然语言处理、模式识别、智能机器人等。

（1）专家系统。专家系统是一种智能计算机程序系统。专家系统使用人类专家推理的计算机模型来处理现实世界中的复杂问题，其中包含大量的某个领域专家水平的知识与经验，并利用人类专家的知识和解决问题的方法来处理该领域的问题。专家系统的常见应用有医院的基于专家系统的辅助诊断系统。

（2）数据挖掘。数据挖掘是指从数据库的大量数据中揭示出隐含的、先前未知的并具有潜在价值的信息的非平凡过程。数据挖掘是人工智能和数据库领域的研究热点。数据挖掘利用人工智能自动分析数据并从中得到潜在隐含的知识，从而帮助决策者做出合理正确的决策。数据挖掘的常见应用有各大购物网站根据用户浏览历史信息推荐相关商品。

（3）自然语言处理。自然语言处理研究能实现人与计算机之间用自然语言进行有效通信的各种理论和方法，包含语言计算、语音识别、信息检索和文本分类等。自然语言处理的常见应用有智能机器翻译、垃圾邮件处理及机器聊天等。

（4）模式识别。模式识别主要研究如何让机器模拟人类识别的行为，使机器学会从背景中识别感兴趣的模式并做出准确的判断。模式识别的常见应用有指纹识别、车牌识别及语音输入等。

（5）智能机器人。智能机器人是一种自动化的机器，一般具备和人或生物相似的智能，如感知能力、规划能力、动作能力和协同能力等。目前智能机器人种类很多，如水下机器人、医疗机器人等。

1.2.8　我国人工智能的发展与应用领域

虽然我国人工智能研究的起步时间较晚，但发展迅速。目前我国人工智能产业的发展取得了显著成效，图像识别、语音识别等技术创新应用进入了世界先进行列。我国人工智能发明专利授权总量全球排名领先，核心产业规模持续扩大，已经形成覆盖基础层、技术层和应用层的完整产业链和应用生态圈。

目前我国人工智能的主要应用领域如下。

1. 电商零售领域

人工智能在电子商务（简称“电商”）零售领域的应用，主要体现在智能的仓储管理、物流与导购等方面，利用大数据分析技术节省仓储物流成本，提高购物效率，简化购物程序。

图 1.7 所示为我国某公司的智能仓储管理系统。该系统依据电商平台采集的大量用户数据、商品数据和提供商数据，使用仓储物流的精准定位分析替代人工分单，在路线配送和用户选择上实现优化。

1.2　人工智能的应用领域

图 1.7　智能仓储管理系统

2. 安防安保领域

人工智能在安防安保领域中主要依靠视频智能分析技术、模式识别技术，对监控画面进行分析与识别，从而采取安防行动。

图 1.8 所示为我国自主研发的一款智能巡逻机器人。该机器人采用模式识别技术，实现自主巡逻路径规划、突发事件快速响应、巡查异常情况自动报警等功能，可保证无人值守期间的安全。

图 1.8　智能巡逻机器人

3. 教育领域

人工智能在教育领域最主要的应用之一是实现对知识的归类，结合大数据，通过算法为使用者计算学习曲线,并匹配高效的教育模式。这种“智能大教育”主要体现在智能评测、个性化辅导、儿童陪伴等场景，比如针对幼儿教育设计的机器人能通过深度学习与儿童进行情感上的交流。

4. 医疗健康领域

人工智能在医疗健康领域的应用主要是通过大数据分析完成对部分病症的诊断，减少误诊的发生。同时，在手术领域，手术机器人也得到了应用。

5. 个人助理领域

人工智能系统在个人助理领域的应用相对成熟。个人助理系统通过智能语音识别、自然语言处理、大数据、深度学习和神经网络等技术可以实现人机交互。个人助理系统的原理是在接收文本、语音信息之后，通过对信息进行识别、搜索、分析，最后返回用户需要的信息。图 1.9 所示为我国某公司开发的对话式人工智能助理，它采用了语音识别、自然语言处理和机器学习技术，用户可以使用语音、文字或图片，以一对一的形式与它进行沟通，实现信息查询、日程管理、生活服务等功能。

图 1.9　对话式人工智能助理

6. 自动驾驶领域

人工智能在自动驾驶领域的应用较为深入。自动驾驶系统依靠人工智能、雷达、监控装置和全球定位系统的协同合作，让汽车可以在没有人主动操作的情况下，自动、安全地行驶。自动驾驶系统主要由环境感知、决策协同、控制执行等部分组成。目前自动驾驶主要的应用场景包括智能汽车、智能公共交通、智能快递用车等。图 1.10 所示为某汽车公司搭载的自动驾驶系统。

图 1.10　自动驾驶系统

7. 金融领域

人工智能在金融领域也得到了广泛的关注。在金融领域中，人工智能正逐渐深入大数据征信、风险控制等方面，金融智能化是大势所趋。

金融领域采用人工智能，一方面能够使金融服务更加主动与智能，另一方面能够提升对数据的处理能力和对风险的控制能力等。目前，人工智能主要应用在智能投顾、智能客服、智能量化交易、生物身份验证等场景。通过机器学习、语音识别、视觉识别等技术，人工智能可以辨别、分析、预测交易数据等信息，从而为用户提供投资理财等服务，同时可以帮助用户规避金融风险。

1.2.9　人类与人工智能的关系

人工智能是人类在探索自然世界时对自身智能的简单模仿，人工智能的进化也建立在人类对自身智能认识加深的基础上，是对人类智能的进一步模拟。

这些模仿通过数学简化模型，利用电子元件进行模拟，其实是对生物体内成千上万种化学、物理信号的交互的低级复现，是在人类智能的指导下完成的。另外，人工智能虽然在图像、语音、无人驾驶等领域有着人脑无法比拟的处理效率，但其目前实际上只是复现了人脑的视觉、听觉等某些功能，然后借助电子元件使单一任务的规模和处理速度达到极致，因此显得功能十分强大。对于人类智能的高级功能（如创造性、社会性、自主意识、道德判断等），人类自身还处于探索阶段，无法赋予人工智能相应的结构来实现。所以人工智能虽然大放异彩，但现阶段的人工智能也只能称为弱人工智能，它的主要用途也在于将人类从简单、重复的工作中解放出来，这样人类本身就可以更加专注于实现人类智能的高级功能。

假如有一天人工智能通过了图灵测试成为强人工智能，这就意味着作为创造者，人类的智能也达到了前所未有的高度。人工智能的智能活动一直需要在人类的主导下进行，无法取代人类主体的地位。

1.3 任务实施——体验人工智能开放平台

国内的人工智能技术与国际的人工智能技术先进水平同步，随着人工智能技术的商用速度加快，一些科技公司和新兴人工智能创业公司形成了自己的技术优势。为更大程度地利用技术优势扩大自身的商业优势，以及促进人工智能行业的发展，技术领先的人工智能企业开始构建自己的人工智能开放平台。

人工智能开放平台提供构建人工智能应用的工具。这些工具结合智能决策类算法和数据，使开发者可通过平台创建自己的商业解决方案。一些人工智能开放平台提供预设的算法和简易的框架，具备平台即服务（Platform as a Service，PaaS）功能，可提供基础的应用开发；还有一些人工智能开放平台则需要开发者自行开发和编程。这些算法可以功能性地支持图片识别、自然语言处理、语音识别、推荐系统和预测分析等一系列的机器学习的相关技术。

人工智能开放平台的搭建旨在打造从源头技术创新到产业技术创新的人工智能产业链。开放的平台连接产业链的两端：一端连接开发者和研究机构；另一端连接许多下游的企业，比如一个以图像识别为主的人工智能开放平台，可以将相关技术能力开放给希望在图像识别领域开辟业务的创业团队。

本节体验百度人工智能开放平台和 Face++ 人工智能开放平台，通过动物识别和车牌识别技术，可以快速地了解人工智能的奥妙。

1.3.1 体验百度人工智能开放平台

百度人工智能开放平台提供多种人工智能先进功能，包括语音识别和文字识别等多项场景化功能，一站式满足人工智能模型开发、创新应用、学习实践的需求。

下面介绍识别图像中的动物的方法。

（1）进入百度人工智能开放平台，如图 1.11 所示。

图 1.11 百度人工智能开放平台

（2）将鼠标指针移至顶部导航栏中的“开放能力”上，展开“开放能力”下拉菜单，选择“图像技术”→“动物识别”选项，如图 1.12 所示。

图 1.12　选择“动物识别”选项

（3）滚动鼠标滚轮，将页面下拉至“功能演示”区域，如图 1.13 所示。在红框所示的区域输入图片的统一资源定位符（Uniform Resource Locator，URL）或者上传本地的清晰的动物图片，动物识别结果如图 1.14 所示。

图 1.13　“功能演示”区域

图 1.14　动物识别结果

1.3.2 体验 Face++ 人工智能开放平台

旷视科技公司的 Face++ 人工智能开放平台提供人脸识别、文字识别等多类功能服务。下面介绍识别图像中车牌的方法。

（1）进入 Face++ 人工智能开放平台，如图 1.15 所示。

图 1.15　Face++ 人工智能开放平台

（2）将鼠标指针移至顶部导航栏中的“产品能力”上，展开“产品能力”下拉菜单，如图 1.16 所示，选择“图像识别”→“车牌识别”选项。

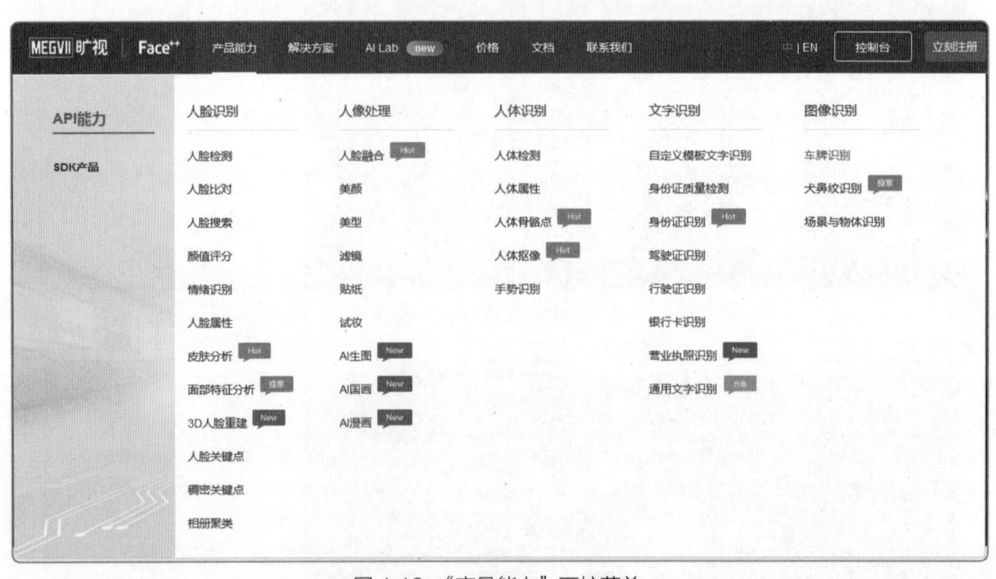

图 1.16　“产品能力”下拉菜单

（3）滚动鼠标滚轮，将页面下拉至“功能体验”区域，如图 1.17 所示。与百度人工智能开放平台的动物识别类似，Face++ 人工智能开放平台的车牌识别也支持图片 URL 和本地图片两种方式。车牌识别结果如图 1.18 所示。

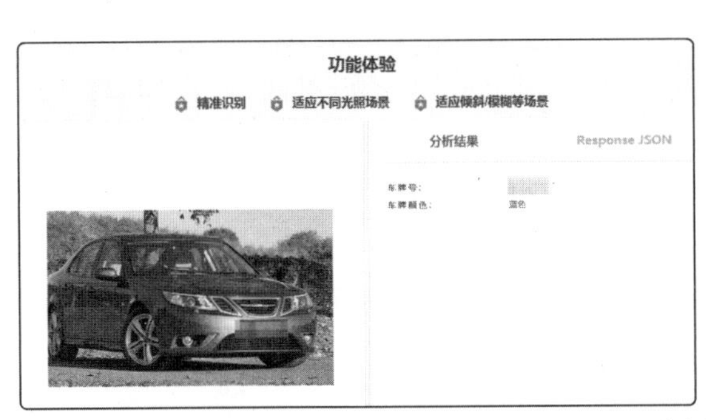

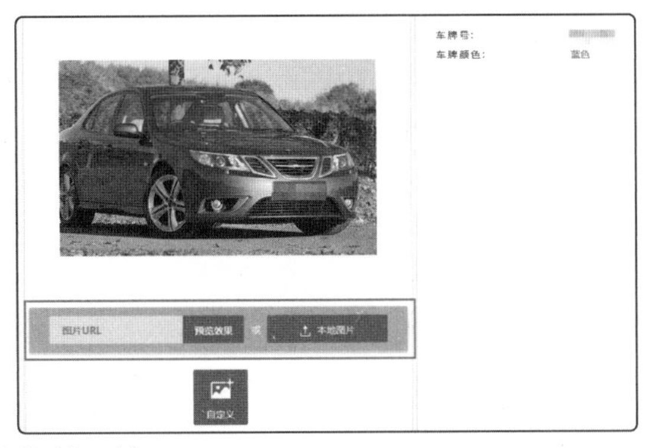

图 1.17 “功能体验”区域

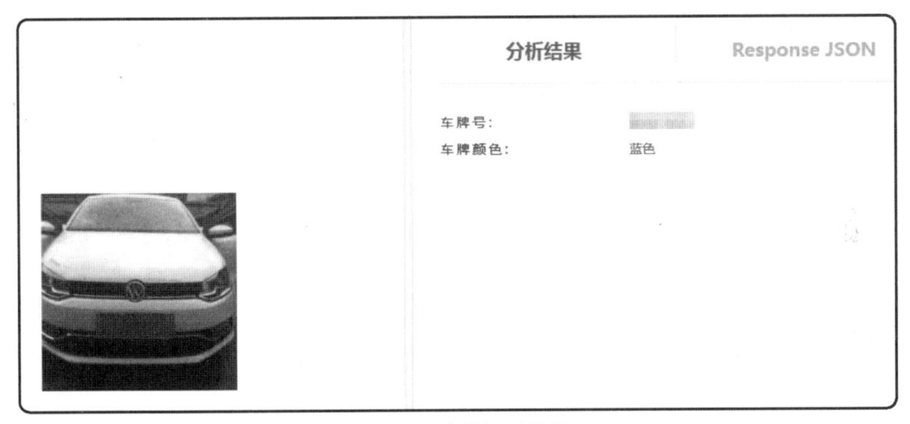

图 1.18 车牌识别结果

1.4 知识拓展——人工智能未来的发展方向

随着科技的发展和社会的进步，高新技术正在慢慢地改变人类的生活方式，这是无数科研人员辛勤努力的结果。下面结合人工智能的研究方向，介绍人工智能未来的发展方向。

1.4.1 人工智能与创新创造

今天，人工智能被广泛应用于各个领域，它的进一步发展可能会对就业造成冲击。很多职业未来可能消失，假以时日，人工智能还可能学会控制如汽车等半自主或全自主硬件设施，逐步取代更多职业。

简而言之，就是大量重复性的肌肉劳动将会被人工智能取代，一些高难度并且具有一定危险性的工作也会被人工智能取代，例如目前研制出的手术机器人可以为患有传染性疾病的病人做手术，从而降低医护人员被传染的风险。

随着人工智能的发展，创新型工作也面临着巨大的危机。在音乐领域，名为 DeepBach（深度巴赫）的神经网络学习相关知识之后几乎可以创造出以假乱真的巴赫曲目；在编剧领域，名为 Benjamin 的人工智能学习大量剧本后能够创作出一个 9 分钟的短片，虽然剧本中有很多让人啼笑皆非的地方，但是这也具有深远的意义；在围棋领域，人工智能 AlphaGo 打败世界顶级高手。

一些职业可能被取代，同样一些“新兴”的职业会出现，如已被相关行业认可的“自然语言处理工程师”“语音识别工程师”等。那么在人工智能时代，社会会急需什么样的人才呢？

1. 专才 + 创造力

浮于行业表面的职业易被人工智能替代，但是人工智能无法替代具备深度的专业能力和创造力的人才。

2. 多领域理解力 + 沟通合作能力

以后的许多行业，会是“人工智能 + 互联网 + 机器人硬件”等多领域的交集，同时精通这三方面的人才很少。实际工作中，人们会需要和其他领域的专业人士共同协作，多领域理解力及沟通合作能力就显得尤其重要。

1.4.2 人工智能与智能增强技术

人工智能的发展还有另一个方向，即智能增强（Intelligence Augmentation，IA）。

智能增强技术的目的是增强人与智能机器之间的互补性，即利用智能机器来弥补人类思维的不足，自动驾驶技术就是一种典型的智能增强技术，分拣快递的机器人和在汽车工厂里自动组装汽车的机器人也属于智能增强类的人工智能产品。

1.5 创新设计——设计人类与人工智能未来相处的画面

技术与人类的互动关系一直是很多人苦苦思考的问题。面对越来越强大的人工智能技术，未来的人类该如何与之相处？

落地发展至今，人工智能已经显露出许多需要解决的监管问题。在全球各地“人工智能热”的同时，需要一些技术应用的“冷思考”。

根据本项目学习的内容，通过查阅资料，发挥自己的想象力，畅想未来人类与自己所创造的人工智能产品将如何相处，完成小论文。

1.6 小结

人工智能是 21 世纪三大尖端技术之一，随着当前云计算、大数据和深度学习等技术的发展，人工智能迎来一个新的快速发展时期。在我国，人工智能已经在许多领域中有成功的应用，为人们的生活提供了极大的便利。人工智能与各个领域的结合是大势所趋，其未来机遇与挑战并存。

项目2 人工智能与大数据

02

人们在网上商城购物，会留下购买的记录。通过研究这些记录，就能了解各类人群喜欢购买什么类型的东西。这些记录属于数据，但是这些数据不一定能体现价值。要想进一步利用这些数据，就必须设计一套有用的推荐系统，或者一个面向目标群体的广告投放服务，使数据产生价值。这就像金字塔式的结构，从底层的信息，到上层的数据、知识，再到顶层的价值。大数据分析就是用人工智能的关键技术，如数据挖掘算法、机器学习等，得出简单分析不能得到的结论，再用结论来指导下一步的推荐或广告投放等策略。本项目将以大数据用户画像分析为例，对人工智能与大数据结合的应用进行介绍。

知识目标

- 理解基于大数据分析的用户画像的概念。
- 理解用户画像的设计和建立过程。
- 了解大数据技术在其他领域的创新应用。

技能目标

- 能够分析用户画像涉及的大数据技术。
- 能够从技术设计的角度了解大数据用户画像过程。

素养目标

- 培养大数据安全的意识。
- 增强民族自信心和社会责任感。

2.1 任务引入

在大数据时代，不仅普通用户可以享受到技术带来的便利，而且企业也可以从数据中获取有商业价值的信息。企业可以根据数据绘制出用户画像，然后进一步对用户的购买和消费行为进行分析、预测，并对用户进行商品推荐。

为实现精确刻画人群特征，需要先了解用户的各种消费行为和需求，并针对一定业务场景对用户特征进行不同维度的整合分析。这样就可以把数据提炼成用户形象，从而发现和把握蕴藏在海量用户数据中的巨大商机，指导和驱动企业的业务决策。

以 TB 为单位计量的海量数据记录着用户长期大量的网络行为。分析用户画像的目的就是解决提取数据商业价值的问题，也就是从海量数据中提取有价值的东西，如图 2.1 所示，用户画像分析可以还原用户的兴趣喜好、社会背景等基本属性，甚至还能揭示其内在需求、性格特征、社交倾向等潜在的属性。

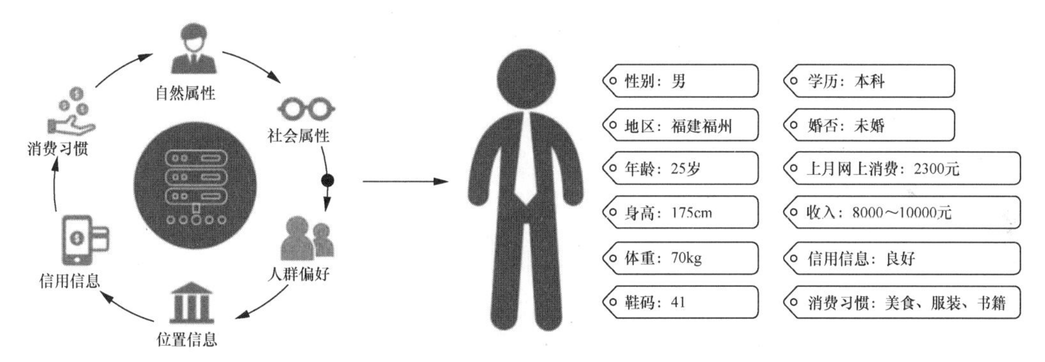

图 2.1　大数据时代的“大数据用户画像”将“人”数据化

2.2 相关知识

2.2.1 大数据是什么

大数据（Big Data）是指无法在一定时间范围内用常规软件工具进行捕捉、管理和处理的数据集合，是需要在新处理模式下才能具有更强的决策力、洞察发现力和流程优化能力的海量、增长率高和多样化的信息资产。大数据通俗的解释就是海量的数据，其中，“大”就是多而广的意思，而“数据”就是信息、技术及数据资料，大数据就表示多而广的信息、技术以及数据资料。

2.2.2 用户画像的概念、用途和分类

1. 用户画像的概念

用户画像的概念其实和画像的概念相似，都表示从多个维度来描述一个对象，这些维度可以是社会属性（如职业、社交特征），可以是自然属性（如性别、年龄），可以是财富状况（如是否为高收入人群、是否有固定资产），可以是位置特征（如在哪个城市生活），可以是家庭情况（如是否结婚、是否有孩子），可以是购物习惯（如喜欢网上购物还是喜欢在商场购物），还可以是其他行为习惯。总而言之，用户画像其实就是用数据来描述人的特征，所有能想到的描述一个人的特征都属于用户画像的维度范畴。

2.1 用户画像分析技术

2. 用户画像的用途

用户画像可以解决业务问题或者获得新订单、新用户。产品定位的用户画像可以帮助获得新用户。如果设计产品的时候对用户的了解不够，定位不清晰，产品上线后的效果就容易与预期效果有巨大差异。图 2.2 所示为大数据用户画像的几个方面。

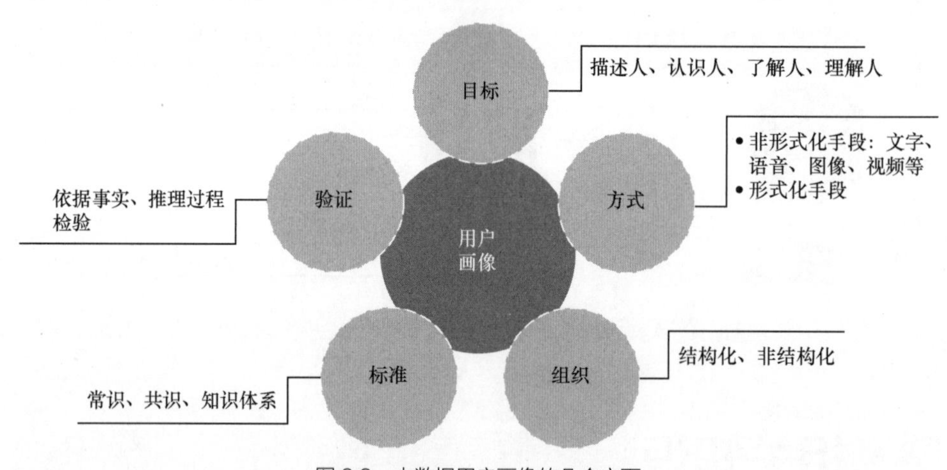

图 2.2 大数据用户画像的几个方面

3. 用户画像的分类

大数据时代典型的用户画像包括以下两种。

（1）用户的消费特征与需求画像

用户的消费特征与需求画像用于描述用户在网络上消费和购物的特征。在网上购物时代，网上购物所留下的数据记录为电商企业了解用户的消费和购物需求提供了依据。商家通过对用户的基本信息、生活习惯、社会属性、购买需求、沟通偏好、消费行为等数据建模，并进行较长时间的训练学习，可为每个用户构建精准的消费特征与需求画像，如图 2.3 所示。

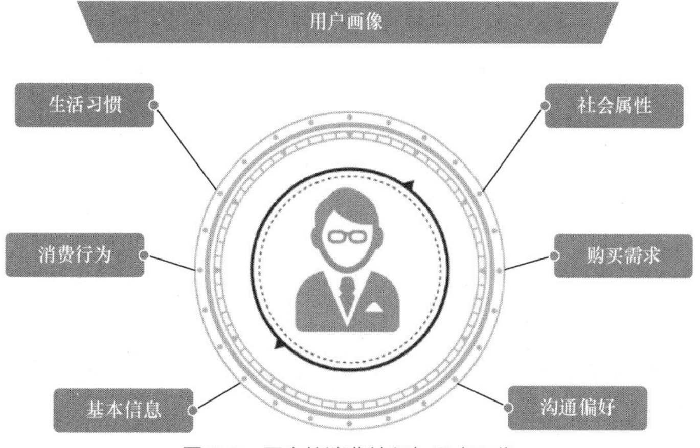

图 2.3　用户的消费特征与需求画像

（2）用户的潜在偏好画像

网络社会是现实社会的真实映射，一个人的偏好在网络中可以体现出来。用户的潜在偏好画像用于描述用户在网络中的偏好特征。用户的潜在偏好画像包括常听的歌曲、经常浏览的新闻、经常翻阅的小说等信息。图 2.4 所示为某用户的潜在偏好画像。

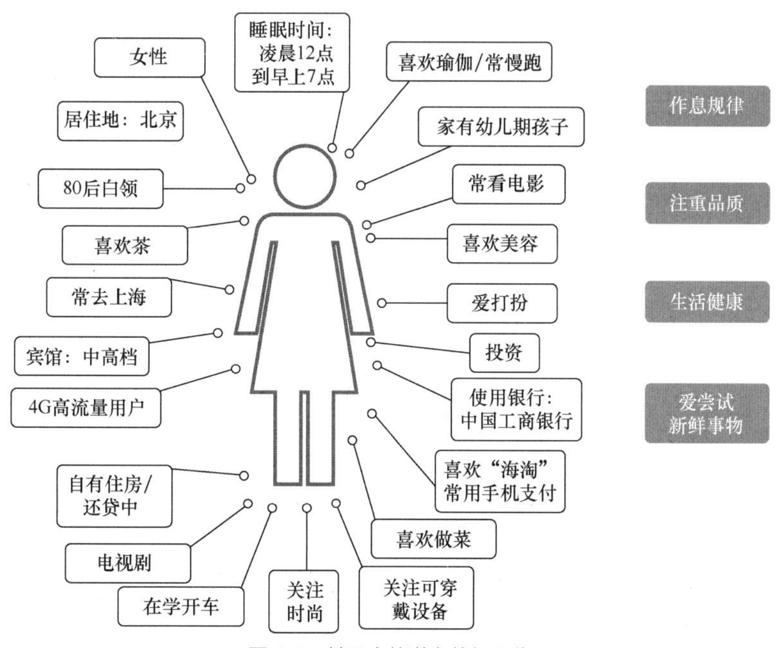

图 2.4　某用户的潜在偏好画像

随着大数据信息量的激增，用户画像越来越丰富，越来越精细。用户画像也被应用到某些行业的营销中，比如在互联网精准营销中，以标签、画像为基础的精准定向广告投放十分流行。拥有用户流量入口的社交软件和媒体公司纷纷通过整合自有和外部的媒介资源，在用户画像的基础上针对行业客户提供广告精准投放服务。

2.2.3　用户画像设计的业务目标

用户画像设计通过分析用户的行为，为每个用户添加标签，可以更好地解决企业的业务问题。

企业了解了自己用户的消费行为特征等信息以后，接下来的任务就是将有类似画像特征的人群变成自己的潜在用户，也就是获得新客。所以，从大的框架来看，用户画像设计有以下两个业务目标。

（1）准确了解现有用户的画像。

（2）在人群中通过用户画像获取类似画像特征的新用户。

以上两个业务目标的侧重点略有不同。了解现有用户的画像，需要少量、覆盖度高的精准样本，这样能更精确地定位用户。而通过用户画像获取新用户，则需要大量的相似样本。

2.2.4　基于大数据技术的用户画像的设计和建立过程

用户画像的设计过程是从具体的业务场景出发，结合数据归纳学习出基准的规则或方法，然后通过反复迭代，生成符合既定约束条件的最优方案。很多时候都是从具体品类的业务场景或需求出发，结合一些经验丰富的业务员的经验，将数据语言转化成通用的技术语言，然后利用大数据平台绘制出符合预期需求的画像。如果一个画像经过反复验证被证明有效，这个画像就可以宣告绘制成功并被推广到全站应用中。用户画像的建立过程如图 2.5 所示，用户画像的建立过程主要分为 3 步。

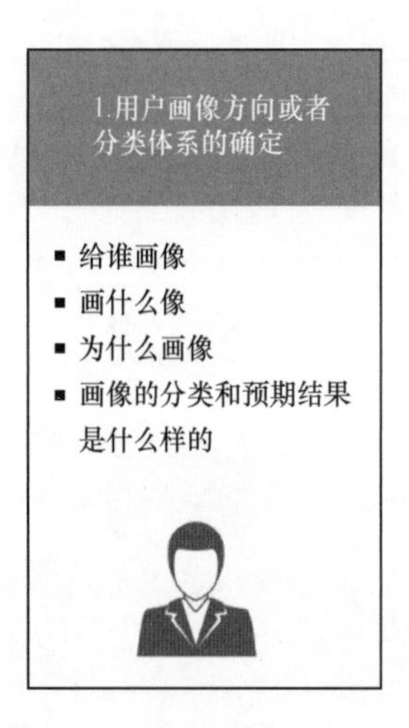

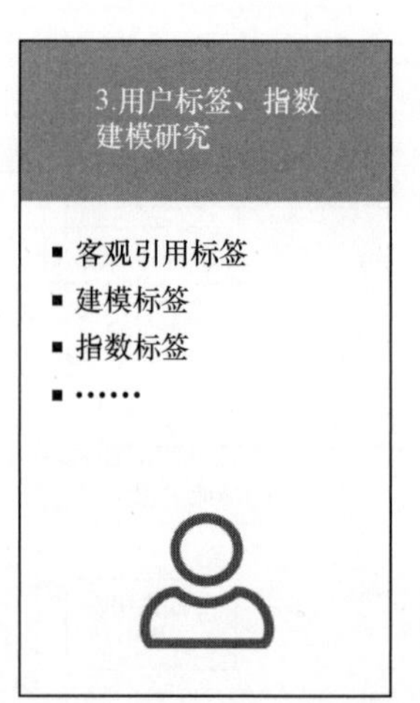

图 2.5　用户画像的建立过程

1. 用户画像方向或者分类体系的确定

用户画像方向或者分类体系的确定是建立用户画像最关键的一步，类似于打地基和房屋初始设计。我们首先要明确给谁画像，画什么像，为什么画像，画像的分类和预期结果是什么样的。现在应用较为广泛的是“人工 + 系统”的用户画像，即人工设计画像的方向或者分类体系，然后利用大数据形成用户的关键信息。这样做的优势是可以使用户画像体系化和结构化，应用性更强。

例如，某电信服务公司为电信行业构建了扎实可靠、丰富的用户标签体系，通过 3 层的标签结构建立了用户的“由浅到深”“由客观到主观”“由通用到具体”的画像。这 3 层标签分别是基础标签（简单加工后的数据）、营销画像标签（营销和服务的基础元素，比如各类偏好、能力、倾向研究的用户标签）、场景及产品营销标签（对应具体场景和产品的目标用户的精准标签）。这些标签不仅成为运营商洞察和营销用户的有力支撑，还成为运营商大数据运营的关键。

2. 用户数据收集

确定了用户画像的方向或者分类体系，就确定了需要的数据信息和营销力度，比如用户的详细消费信息（如用户的下单时间、客单价、商品信息）、商品促销信息等。用户画像的数据要做到真实、可关联应用、存在一定的周期可供偏好类模型构建。

3. 用户标签、指数建模研究

有的用户标签是客观引用形式，而有的用户标签则需要大量的大数据行为来综合建模设计，比如某用户属于爵士乐偏好人群，不能通过该用户的某一次购买或者搜索关注行为就做判断，而是要通过其应用的频次、消费占比、人群中所占比例等信息进行综合建模。

2.3 任务实施——大数据用户画像构建流程

大数据用户画像构建流程中一个重要的方法论就是从业务场景出发，找到精准的用户群，定向分析画像，然后将其应用到实际运营活动中。接下来，我们通过一个案例来阐述大数据用户画像构建流程。

2.3.1 用户画像在实践应用中的环节

用户画像在实践应用中的环节包括获取用户、激活用户、留存用户、创收及自传播，如图 2.6 所示。

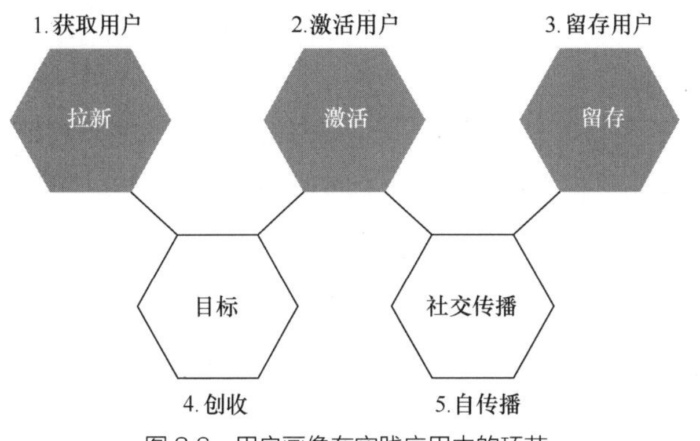

图 2.6 用户画像在实践应用中的环节

2.2 用户画像分析流程

（1）获取用户。获取用户也称为拉新。拉新分为网站外拉新和网站内拉新，网站外拉新用于增加新用户注册数量，网站内拉新用于扩展用户购买的品类。例如，某用户以前只在商城上购买数码产品，通过推广，现在他在商城也购买生鲜产品，这是网站内拉新。

（2）激活用户。激活用户是根据用户在商城页面搜索的记录，判断用户心理特征，通过发送优惠券、给予专属优惠价格等方式促进其下单的环节。

（3）留存用户。留存用户即让用户保持使用。通过大数据用户画像对用户购买过程的分析，识别出哪些用户是将要流失的，然后提出相应的解决方案。造成用户流失的原因有很多，比如客服不能解决用户投诉的问题等。

（4）创收。创收即让用户消费来获取利润。在这个环节先要确定业务诉求是毛利最大化、销售额最大化，还是销量最大化。通过用户画像可以根据不同的业务诉求做出不同的决策。

（5）自传播。自传播即将信息通过用户进行传播。通过用户画像可以找出特定的人群，可以给予优惠鼓励他们分享信息，将信息传播出去。

2.3.2 用户画像构建流程

1. 制作用户标签

构建用户画像的核心工作是为用户制作标签，制作标签的重要目的之一是让人能够理解并且方便计算机处理。例如，可以做分类统计，调查喜欢喝茶的用户有多少，喜欢喝茶的人群性别比例是多少；也可以做数据挖掘工作，利用关联规则分析喜欢咖啡的人通常喜欢什么运动品牌，利用相关算法分析喜欢喝茶的人的年龄段分布情况。

通过大数据处理标签，我们可以对某 31 岁白领进行标签化，将符合该 31 岁白领的名词都“贴”在他身上。例如，某白领，男，31 岁，硕士，已婚，月收入 1 万元以上，爱美食，团购达人，喜欢喝咖啡、喝茶等。

2. 目标分析——计算标签权重

标签表征内容，一般包括兴趣、偏好、需求等。

权重表征指数，可能表征用户的兴趣、偏好指数，也可能表征用户的需求度，可以简单理解为可信度、概率。

用户画像的目标分析是通过分析用户行为，最终为每个用户添加标签，并计算出标签的权重。我们通过对数据源的分析，可以根据相关性设置标签和权重，例如，白领 0.8、硕士 1.0、美食 0.6、绿茶 0.665 等。

3. 用户画像展示

通过计算机可以将处理后的标签进行可视化操作，通常可以用一幅图展示目标人物的各项标签，如图 2.7 所示。

图 2.7 用户信息标签可视化

2.4 知识拓展——大数据与人工智能的关系及其他应用场景

大数据与人工智能相互推动实现共同发展，在两者的发展过程中，大数据更多地发挥基础性的作用。下面介绍大数据和人工智能的关系及其他应用场景。

2.3 用户画像应用场景

2.4.1 大数据与人工智能的关系

大数据是人工智能的一个重要应用场景，借助一些机器学习工具，大数据可以灵活地完成人工智能的相关工作。人工智能的飞速发展离不开大数据的支持。而在大数据的发展过程中，人工智能也使更多类型、更大体量的数据能够得到迅速的处理与分析。

目前，人工智能发展所取得的大部分成就和大数据密切相关。通过数据采集、处理、分析，可以从各行各业的海量数据中获得有价值的信息，为更高级的算法提供素材。

与此同时，人工智能也增大了可利用数据的广度。大数据分为结构化数据与非结构化数据，约有 85% 及以上的数据是非结构化数据。在互联网时代，随着社交媒体的兴起，非结构化数据数量的增长速度惊人。在大数据“爆炸”的时代，并不要求个人在研究的过程中读懂每一篇论文，了解所有的观点，这就对高级算法提出了要求——快速寻找真正合适、有效的信息。人工智能辅助大数据的一个典型例子就是“预测未来”，这需要更为高级的人工智能手段和更加先进的调查方法，建模预测未来可能发生的行为。

2.4.2 大数据与人工智能的其他应用场景

1. QQ 机器人

QQ 推出的“机器人”这一功能可以通过学习与模拟对用户的提问给出合理的人类化的回答与反应。其本质是经过训练的 QQ 机器人对获得的大量用户发来的信息进行提取、理解并给出与人类相似的回答。除此之外，像 QQ 中的智能识别、文字识别等通过简单分类对照片进行智能管理的功能都是基于大数据与人工智能的原理开发出来的，它们都是经过对大量数据的处理和总结、提取个人特征及风格，并加以学习、应用得到的。

2. 人工智能机器人

人工智能机器人是人工智能的主要发展方向，即利用大数据和人工智能技术的结合使智能机器人做出和人类一样的思维决策，用信息感应装置接收外来的数据，通过大数据技术对信息进行快速的分析处理，将数据系统化、结构化。在对人工智能机器人的学习能力进行优化时，对其进行训练的数据越多、越复杂，人工智能机器人做出的思维决策就会越精确。因此，要不断利用大数据技术对人工智能机器人进行优化和修改，使人工智能机器人技术快速发展。

3. 生活方面

大数据与人工智能有望在医疗、教育、金融、物流等领域发挥巨大作用。例如，在医疗方面，大数据与人工智能可协助医务人员完成患者病情的初步筛查与分诊；医疗数据智能分析或智能的医疗影像处理技术可帮助医生制订治疗方案；医生可通过可穿戴设备等实时了解患者各项身体特征，观察治疗效果。在教育方面，教育类人工智能系统可以承担知识性教育的任务，从而使教师可以将精力更多地集中于对学生系统思维能力、创新实践能力的培养。

大数据与人工智能的应用并不仅仅局限于以上提及的场景，还有智能农业种植中心、智能教学评估分析系统等。在大数据技术的支持下，人工智能在丰富人们生活的同时，将人从繁重的工作中解放出来，降低工作和学习压力，提高工作和学习效率。然而，人工智能是一把“双刃剑”，在人工智能与大数据技术的融合过程中，应注意防范相关安全风险，从而更好地推动人类社会的发展。

2.5 创新设计——大数据技术在其他领域的创新应用

根据以下或其他大数据应用领域，查阅资料分析其应用的大数据技术及最终效果，并提出自己的看法。

1. 自媒体

个性化推荐最早用于电商中，短视频平台创造性地将其应用到新闻资讯方面，根据算法规则将相关内容推送给可能感兴趣的读者，这在一定程度上提高了新闻内容和读者的匹配度，也让短视频平台获得了巨大的下载量和用户活跃度，成为自媒体平台中的佼佼者。

个性化推荐的机制虽然存在争议，但从理想化的角度来看，读者能直接看到感兴趣的话题，避免在筛选内容上浪费时间。

2. 健康

运动手环可以收集有关人们走路或者慢跑等活动的数据，例如行走步数、爬坡高度、睡眠时长等，用来提示人们改善健康状况。随着如今健身的观念越来越普遍，健身房同样可以应用大数据来获得更多的用户，得到更高的利用率。

2.6 小结

本项目以基于大数据的用户画像为例，引领读者学习了用户画像设计的业务目标、设计和构建过程，使读者对人工智能与大数据的应用有了初步的认识，并了解了大数据技术的其他应用场景，为之后学习人工智能与其他技术的应用打下基础。

项目3 人工智能与物联网

03

人工智能技术和物联网（Internet of Things，IoT）技术都改变了世界各地的很多行业，它们的结合使我们进入了一个前所未有的工业自动化的新时代。

人工智能与物联网融合形成人工智能物联网（AIoT），这个领域在未来有着巨大的发展空间。AIoT是未来科技发展的核心驱动力，也将成为企业布局的重要领域。AIoT将成为工业机器人、智能手机、无人驾驶、智能家居及智慧城市等新兴产业的重要基础。

知识目标

- 掌握AIoT的概念。
- 熟悉AIoT的主要应用场景。
- 了解AIoT的其他关键技术。

技能目标

- 能够设计AIoT在实际生活中的应用场景。
- 能够使用AIoT技术解决实际问题，提高用户体验。

素养目标

- 培养竞争意识和创新意识。
- 培养“技术立身，岗位成才”的职业情怀。

3.1 任务引入

3.1 人工智能与物联网

AIoT（人工智能物联网）=AI（人工智能）+IoT（物联网）。两大技术是怎样融合的呢？两大技术的融合为我们带来了哪些便利呢？

物联网与人工智能相融合，最终追求的是形成一个智能化生态体系，该体系可实现不同智能终端设备之间、不同系统平台之间、不同应用场景之间的互联互通。

从广义来看，AIoT 就是人工智能与物联网在实际应用中的落地融合，它并不是新技术，而是一种新的物联网应用形态，其应用应与传统物联网应用区分开来。如果物联网使所有可以行使独立功能的普通物体实现互联互通，用网络连接万物，那么 AIoT 则是在此基础上赋予其更智能化的特性，做到真正意义上的万物互联。

AIoT 到底使用了哪些技术呢？它会给我们的生活带来怎样的改变呢？通过接下来的学习，我们就可以找到这些问题的答案。

3.2 相关知识

3.2.1 AIoT 是什么

3.2 AIoT 基本概念

AIoT 即人工智能物联网，融合人工智能技术和物联网技术，通过物联网产生、收集来自不同维度的、海量的数据，将其存储于云端、边缘端，再通过大数据分析及更高形式的人工智能处理技术，实现万物数据化、万物智联化。

3.2.2 AIoT 发展迅速的原因

AIoT 作为一种新的技术趋势，是未来科技发展的核心驱动力，也将成为企业布局的热门领域。AIoT 发展迅速的原因如图 3.1 所示。

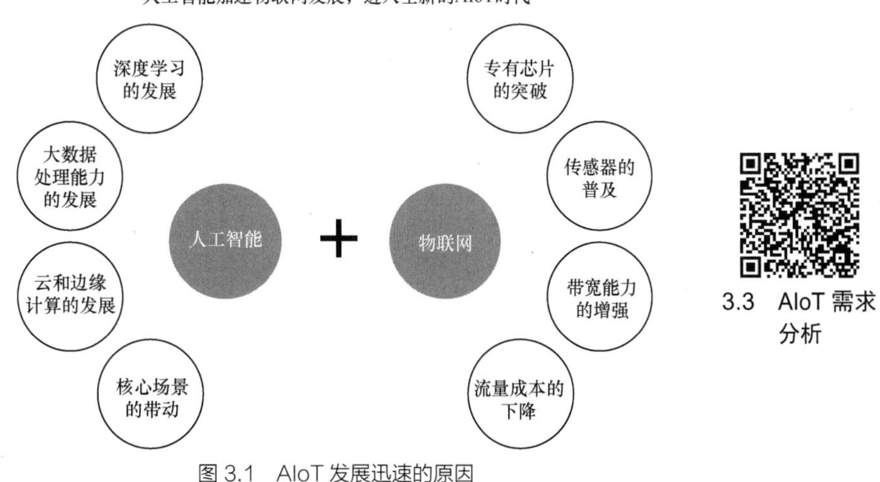

图 3.1 AIoT 发展迅速的原因

3.3 AIoT 需求分析

AIoT 的快速发展，依赖于人工智能的赋能以及物联网的迅速发展。

在人工智能方面，深度学习的发展，以及大数据处理能力、云计算和边缘计算的发展，都为人工智能的角色处理提供了非常坚实的基础。

核心场景的带动也促进了 AIoT 的发展，核心场景是什么呢？比如语音，现在国内的各大电子产品公司都在做智能音箱，它已经渗透到我们生活的多方面。基于传感器的未来网络，是 AIoT 较重要的数据来源，未来的世界很有可能是强传感器的场景。AIoT 将会把物联网设备带入以感知、理解和自学习为特征的智能设备时代。

在物联网方面，有几个很重要的原因。其中之一是传感器的普及，传感器是未来 AIoT 设备的核心。比如手机里面的摄像头，其中 1300 万像素摄像头模组的成本不到 100 元。基于纳米级微电子技术的发展，我们可以在非常小的芯片上实现传感数据处理，这也推动了 AIoT 的迅速发展。

3.2.3 AIoT 的发展阶段

AIoT 主要包括单机智能、互联智能和主动智能 3 个发展阶段，如图 3.2 所示。

第一个发展阶段：单机智能。智能设备与设备之间无相互联系，由用户主动发起交互请求，系统感知、识别和理解用户的指令，进行正确决策、执行及反馈。

第二个发展阶段：互联智能。在单机智能基础上，通过中心云连接多个终端，设备与设备之间可以通过指令进行联动，如智能家居系统（通过语音指令可以实现空调温度调节、视频播放、采光调节等）、车联网（通过语音指令实现车内控制、导航、娱乐等）。

第三个发展阶段：主动智能。在互联智能基础上，系统根据环境、时间和用户行为偏好等，绘制用户画像，自动学习，随时“待命”，主动提供服务，如 L4、L5 级自动驾驶，以及部分工业物联网和物流机器人等。

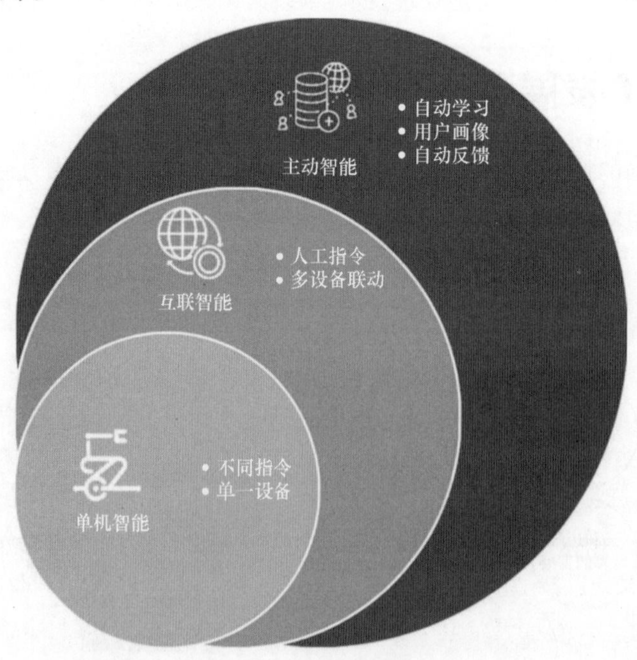

图 3.2 AIoT 的发展阶段

虽然当前 AIoT 技术落地和商业落地较快，但 AIoT 在当前阶段还存在以下几个问题需要解决。

（1）认知智能层面的发展仍然缓慢。

（2）行业标准与规范不足。

（3）大规模物联网设备的安全问题有待重视。

3.2.4 AIoT 的主要应用场景

在过去的几年里，AIoT 的发展非常迅速。目前，AIoT 已经在智能家居、智慧城市、智能安防及工业机器人等场景得到广泛应用。

（1）智能家居。智能家居旨在将家中的各种设备通过物联网技术连接到一起，并提供多种控制功能和监测手段。与传统家居相比，智能家居不仅具有传统的居住功能，而且具有网络通信、设备自动化等功能，提供全方位的信息交互，甚至可以节约能源费用。目前智能家居系统通过局域网将家庭内部的智能设备连接起来，实现自动化控制。相较传统家居，这似乎已经将生活变得非常“智能”。但 AIoT 将赋予智能家居真正的智能，实现将家庭自动化转为家庭智能化，提供全新的智能家居体验。未来智能家居系统能独立思考并与周边其他智能设备互联互通，具备调用每个联线设备的能力。智能家居系统会采集联线的所有设备的数据，以及用户的使用习惯、行为习惯、健康状态等信息，主动帮助主人处理各种事情。

（2）智慧城市。智慧城市旨在利用多种信息技术（Information Technology，IT）或创新理念，集成城市的组成系统和服务，提升资源运用效率，优化城市管理和服务，提高市民的生活质量。智慧城市是未来城市的主流形态，而万物互联是城市智能化的基础，在人工智能的帮助下，城市将拥有“智慧大脑”，从而为城市增加智能元素，最大化助力城市管理。AIoT 可以创造城市精细化新模式，真正实现智能化、自动化的城市管理模式。AIoT 依托智能传感器、通信模组、数据处理平台等，以云计算平台（简称“云平台”）、智能硬件和移动应用等为核心产品，将庞杂的城市管理系统精简成多个垂直模块，为城市基础设施、城市服务管理等建立起紧密联系。借助 AIoT 的强大能力，城市将更懂人的需求，带给人们更美妙的生活体验。

（3）智能安防。目前单一的安防系统已经不足以解决安全问题，并且当下安防系统友好性偏差、效率偏低，AIoT 的加入能够更好地解决这些问题，为智能安防带来新的活力。在 AIoT 助力之下，智能安防在消防、照顾独居老人等方面具有更高价值，可加强音控功能，进行影音同步整合，将“影”和“音”进行对话，为安防设备带来升级与增值。在国土防灾领域，AIoT 也有非常大的作用。智能安防结合 AIoT 技术可监看或预警泥石流、河川、水坝以及桥梁等自然灾害，真正保障人民安全。

（4）工业机器人。AIoT 在工业领域具有非常广阔的应用前景，其中主要的就是工业机器人的应用。在自动化普及的工业时代，部分生产过程几乎完全自动化，机器人具有很强的自适应能力，工业物联网会在 AIoT 的辅助下实现机器智能互联。此外，在一些危险工业领域，AIoT 可以帮助管理者更加自如地操控机器人来代替人工，进一步发挥 AIoT 的作用。未来，工业生产将更进一步实现智能化，工业机器人将得到更广泛的应用。在 AIoT 的支持下，机器人与工业设备等可实现完全的互联互通，并可对相关数据进行实时持续处理，从而进一步提高效率，降低成本。

3.2.5 AIoT 安全风险

AIoT 安全风险主要有以下几个方面。

1. 数据风险

（1）“数据投毒”。“数据投毒”指人工智能训练数据污染导致人工智能决策错误。它主要有两种攻击方式：一种是采用模型偏斜方式，攻击目标是训练数据样本，通过污染训练数据达到改变分类器分类边界的目的；另一种则是采用反馈误导方式，攻击目标是人工智能的学习模型本身，利用模型的用户反馈机制发起攻击，直接向模型注入“伪装”的数据或信息，误导人工智能做出错误判断。“数据投毒”危害性巨大，特别是在自动驾驶领域，可能导致车辆违反交通规则甚至造成交通事故。

（2）数据泄露。逆向攻击可能导致算法模型内部的数据泄露。人工智能技术可以加强数据挖掘分析能力，但是也增加了隐私（比如各类智能设备采集的信息）泄露风险。人工智能应用采集的信息包括人脸、指纹、声纹、虹膜、心跳、基因等，具有很强的个人属性。这些信息具有唯一性和不变性，一旦泄露或者滥用将产生严重后果。

（3）数据异常。运行阶段的数据异常会导致智能系统运行错误，模型窃取攻击可能对算法模型的数据进行逆向还原。此外，开源学习框架存在安全风险，也可能导致人工智能系统数据泄露。

2. 算法风险

AIoT 算法可能出问题，比如对于自动驾驶，如果黑客恶意修改模型文件，并且令其学习，会产生完全不一样的结果；算法设计或实施有误可能产生与预期不符的结果甚至伤害性结果；算法潜藏偏见和歧视，导致决策结果可能存在不公；含有噪声或偏差的训练数据可能影响算法模型准确性。

3. 网络风险

人工智能不可避免地会引入网络连接，网络本身的安全风险也会给人工智能带来风险。人工智能技术本身也能够提升网络攻击的智能化水平，进而进行数据智能窃取。人工智能可以自动锁定目标，进行数据勒索攻击。

人工智能通过对特征库的学习可以自动查找系统漏洞和识别关键目标，提高攻击效率；人工智能可以自动生成大量虚假威胁情报，对分析系统实施攻击。

人工智能通过机器学习、数据挖掘和自然语言处理等技术处理安全大数据，能自动生产威胁性情报，攻击者也可以利用相关技术生成大量错误情报以混淆判断；人工智能可以自动识别图像验证码，窃取系统数据。

图像验证码是一种防止机器人账户滥用网站或服务的常用验证措施，但人工智能通过学习可以让这一验证措施失效。

4. 其他风险

第三方组件可能存在问题，对文件、网络协议、外部输入协议的处理也可能出问题。如果这些问题被黑客利用，将带来严重的后果。

3.3 任务实施——智慧交通案例分析

3.3.1 什么是智慧交通

智慧交通是在交通领域中充分运用物联网、云计算、人工智能、自动控制等现代电子信息技术的面向交通运输的智能服务系统。智慧交通综合运用交通科学、系统方法、人工智能、知识挖掘等理论与工具，以全面感知、深度融合、主动服务、科学决策为目标，通过建设实时的动态信息服务体系，深度挖掘交通运输相关数据，形成问题分析模型，实现行业资源配置提升，推动交通运输行业发展，带动交通运输相关产业转型、升级。

智慧交通包含的内容如图 3.3 所示。

3.4 AIoT 任务实施

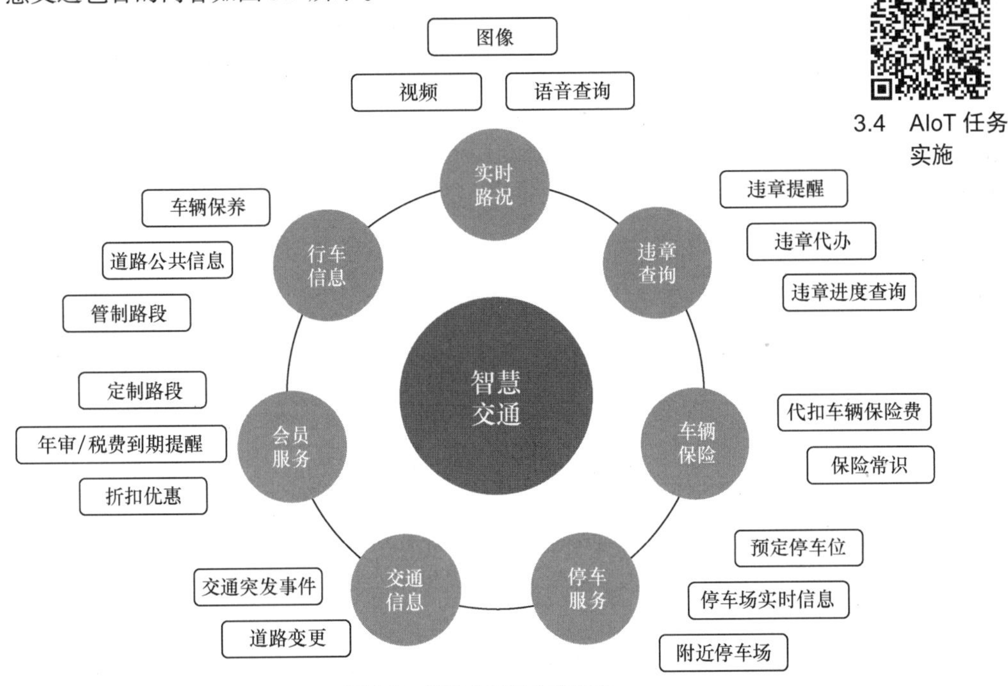

图 3.3 智慧交通包含的内容

智慧交通系统是以国家智能交通系统体系框架为指导，建成“高效、安全、环保、舒适、文明”的智慧交通与运输体系，可以大幅度提高城市交通运输系统的管理水平和运行效率，为出行者提供全方位的交通信息服务和便利、高效、快捷、经济、安全、人性、智能的交通运输服务，为交通管理部门和相关企业提供及时、准确、全面和充分的信息支持和信息化决策支持。智慧交通管理内容如图 3.4 所示。

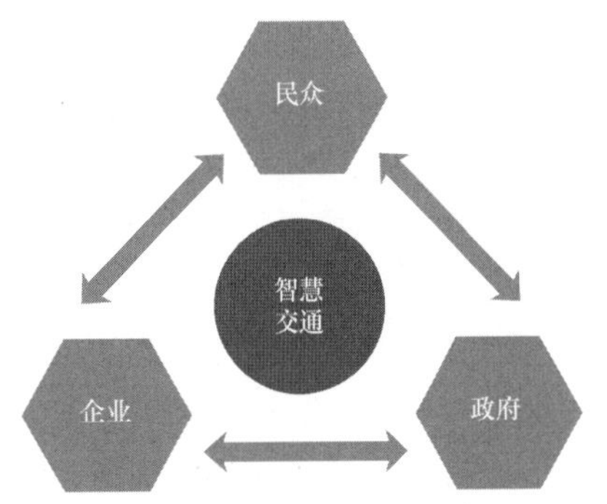

图 3.4 智慧交通管理内容

3.3.2 智慧交通典型案例分析

本小节以湖州市智慧交通系统的典型案例来分析智慧交通。

湖州市吴兴区打造的智慧交通应用聚焦群众关切的城市交通治堵问题，建立路口全方位感知系统，强化边缘计算对路口及干道交通信号灯的实时干预和控制功能，以云端中心与边缘节点的协调合作模式实现交通控制功能。该应用于2022年年初上线运行，试点范围内道路在采用智慧交通建议的早高峰信号配时优化方案后，车辆行程速度由17.63km/h提升至28.1km/h，停车次数从13次减少为5次，平均行程时间从22min50s减少为12min35s，每天减少二氧化碳排放量近1300kg。

依托智慧交通系统的建设，纵向打通市区两级数据，横向打通公安视频专网、交通专网、电子政务外网与互联网"四网"数据，集成无人机、高点监控、增强现实（Augment Reality，AR）鹰眼等视频监控设备，推动交通、公安交警等多个部门在"治堵一件事"上多跨协同。目前，智慧交通系统平均每天实现10万次交通运行指标分析、2496次路口信号自动智能调节优化，城乡道路通行效率提升15%。具体分析如下所示。

（1）信号控制优化子场景分析。针对信号机多品牌、多线路、不连通的问题，智慧交通系统通过对不能联网联控的老旧信号机直接淘汰，对能联网联控的信号机进行功能更新，接入智慧交通管理平台，使平台具有高度开放性，可直接适配主城区、织里镇等地的信号机，实现信号一线接入、一网直达。目前，该系统中的信号机已经全面更新，实现"一个信号"管控。

（2）线路保障子场景分析。针对举行大型会议、活动等需要警卫线路保障等交通保卫的工作场景，智慧交通系统一方面通过动态数据分析，提高警卫线路保障方案制订的效率和科学性，另一方面通过视频、警力、警车、信号的多方联动，实时查看、掌握车队的位置及周边情况，保障任务执行的顺畅。

（3）诱导发布（实时诱导智慧分流）子场景分析。智慧交通系统在不能进行物理改造的拥堵点设置大型交通状况诱导屏，发布道路状态信息，以红色表示路段严重拥堵、黄色表示路段较拥堵、绿色表示路段畅通，驾乘者只需查看诱导屏便能获取前方各路段通行信息，并根据建议行驶路径绕开拥堵点。诱导屏较各类手机导航更加智能精准、无延迟，可实现拥堵路段车辆有效分流。

（4）路况分析（交通管控智慧模拟）子场景分析。智慧交通系统通过搭建"数字交通沙盘"，将人、车、路、环境等交通全要素数字化，对任意路口的组织方式（封闭车道、单向交通、道路拓宽等）或信号灯控制方案等模拟推演不同的管控预设方案，根据抓取的历史车流数据仿真预测不同方案下的交通运行状况，对比分析方案优劣，为决策者提供科学、客观的数据支持及决策依据。

（5）运维管理（交通资产智慧运维）子场景分析。智慧交通系统针对传统交通资产管理存在信息资料不全、故障反馈不及时、处理耗时长等问题，对内外场设备运行状态进行实时监测，出现故障预警后及时反馈至万物智联基地的网管中心，自动判别故障原因后，立即向对应的维保单位进行派单，实现资产管理生命周期全流程闭环。

（6）无人机管控（交通路况智慧巡航）子场景分析。智慧交通系统通过综合平台调用无人机、高点监控、增强现实鹰眼等设备模拟无人机对整片路网进行巡检，实时查看重点区域路口、干道、通行状况等信息，并高精度检查路口通行状态，包括车辆行驶情况、类型、颜色、号牌等具体数据，实现路网交通状况一键查看、迅速反应。

（7）交通指挥子场景分析。智慧交通系统联通车辆、道路等数据，实现交通事故处理"掌上办理"。如果发生应急事件，指挥中心把事件信息发送到交警手持终端上，交警可通过手持终端查看路况信息、车辆信息等，便于交警现场指挥处理，同时交警也可将事件处理结果上传到指挥中心，实现事件处理结果一键查询及汇总统计分析。

（8）信号服务子场景分析。智慧交通系统针对特种车辆，实现路口信号倒计时实时显示，并给出"绿波"时段的建议车速，保证特种车辆能够以最小的时延通过信控路口。例如，在早晚高峰拥堵时段，智慧交通系统对当前路况进行分析判断，可以为救护车辆、应急车辆规划用时最短的路线，为应急救援争取更多的时间。

（9）路况服务子场景分析。智慧交通系统将道路交通流量、公交车路线等信息接入未来社区、未来乡村中的“未来交通”应用，居民可通过该应用实时查询公交到站时间、道路流量等信息，实现合理规划、便捷出行。同时，搭建智能公交站台之后，站台流量信息、道路流量信息及候车信息等实时与市公交集团“掌上公交”App 共享，可以为市级公交优化提供数据支撑。

3.4 知识拓展——AIoT 的其他关键技术

人工智能与物联网这两种强大技术的结合带来了各种各样灵活的应用。物联网可以提供有关设备的信息，通过添加机器学习算法，人工智能可以预测决策和结果，AIoT 在将来有可能自行做出决策。下面我们介绍与 AIoT 相关的其他关键技术。

3.4.1 RFID 技术

1. RFID 技术基本介绍

射频识别（Radio Frequency Identification，RFID）技术是一种非接触的自动识别技术。其基本原理是利用射频信号和空间耦合（电感耦合或电磁反向散射耦合）或雷达反射的传输特性，实现对被识别物体的自动识别。RFID 系统组成如图 3.5 所示。

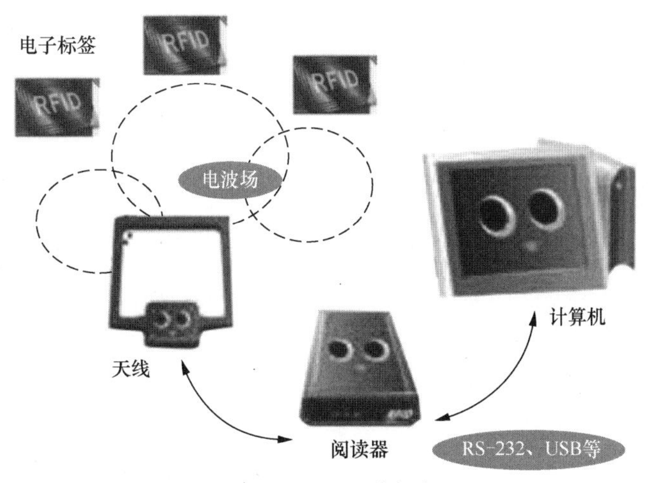

图 3.5 RFID 系统组成

RFID 系统至少包含电子标签和阅读器两部分。电子标签是 RFID 系统的数据载体，由标签天线和标签专用芯片组成。依据供电方式的不同，电子标签可以分为有源电子标签（Active Tag）、无源电子标签（Passive Tag）和半无源电子标签（Semi-passive Tag）。有源电子标签内装有电池，无源电子标签没有内装电池，半无源电子标签部分依靠电池工作。电子标签依据频率的不同可分为低频电子标签、高频电子标签、超高频电子标签和微波电子标签；依据封装形式的不同可分为信用卡标签、线形标签、纸状标签、玻璃管标签、圆形标签及特殊用途的异形标签等。电子标签内部结构如图 3.6 所示。RFID 阅读器通过天线与 RFID 电子标签进行无线通信，可以实现对标签识别码和内存数据的读取操作（有时还包括写入操作），典型的阅读器包含高频模块（发送器和接收器）、控制单元及天线。

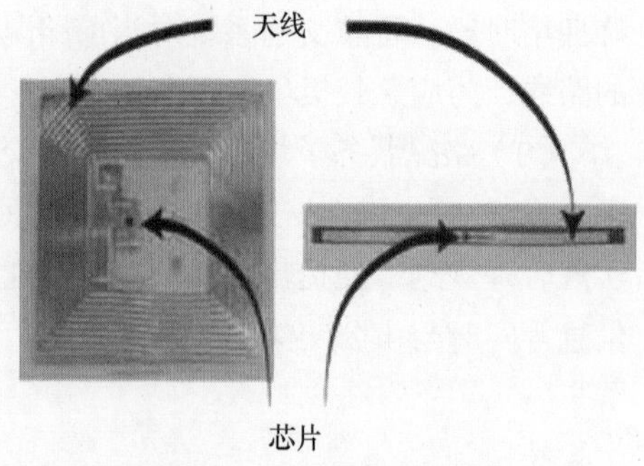

图 3.6　电子标签内部结构

2. RFID 的工作原理

在 RFID 系统中，电子标签又称为射频标签、应答器、数据载体，阅读器又称为读出装置、扫描器、通信器、读写器（如果电子标签可以无线改写数据）。电子标签与阅读器之间通过耦合元件实现射频信号的空间（无接触）耦合，在耦合通道内，根据时序关系，实现能量的传递和数据的交换，如图 3.7 所示。

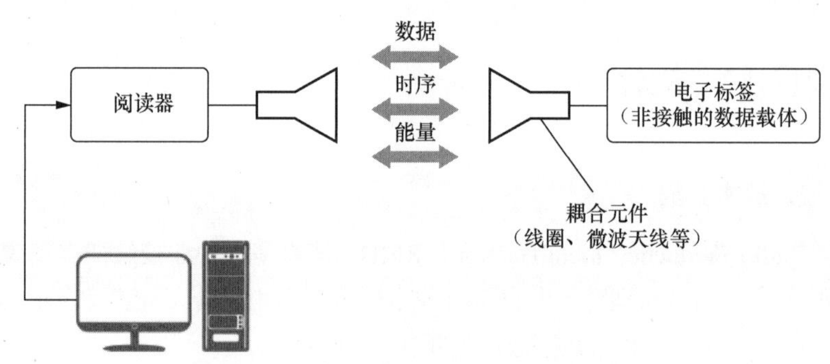

图 3.7　电子标签与阅读器之间的射频信号耦合

发生在阅读器和电子标签之间的射频信号的耦合类型有两种。

（1）电感耦合（见图 3.8）。电感耦合采用变压器模型，通过空间高频交变磁场实现耦合，依据的是电磁感应。

（2）电磁反向散射耦合（见图 3.9）。电磁反向散射耦合采用雷达原理模型，发射出去的电磁波碰到目标后反射，同时带回目标信息，依据的是电磁波的空间传播规律。

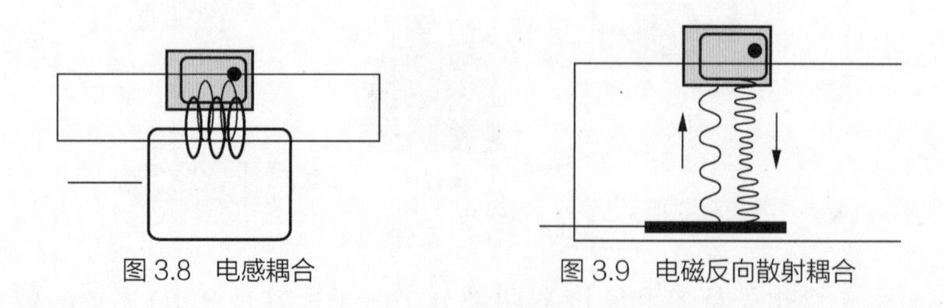

图 3.8　电感耦合　　图 3.9　电磁反向散射耦合

电感耦合一般适用于中、低频工作的近距离 RFID 系统。其典型的工作频率有 125kHz、225kHz 和 13.56MHz，识别作用距离小于 1m。

电磁反向散射耦合一般适用于高频、微波工作的远距离 RFID 系统。其典型的工作频率有 433MHz、915MHz、2.45GHz、5.8GHz，识别作用距离大于 1m，典型作用距离为 3 ～ 10m。

3.4.2 传感器技术

1. 传感器的作用

传感器可以感知周围环境或者特殊物质，比如气体、光线、温湿度等，把模拟信号转换成数字信号，发送到中央处理器（Central Processing Unit，CPU）处理，最终生成气体浓度、光线强度、温度、湿度等数据并显示，如图 3.10 所示。

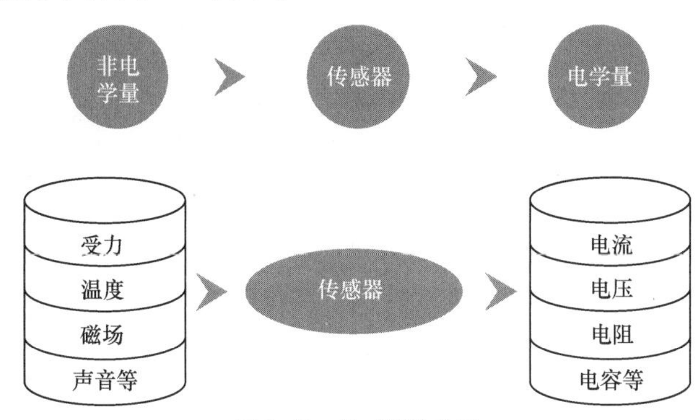

图 3.10　传感器的作用

2. 传感器的工作原理

传感器的工作原理是将物理信息、化学信息及生物信息等通过传感器中的转换电路转换为可被计算机识别的电信号，如图 3.11 所示。

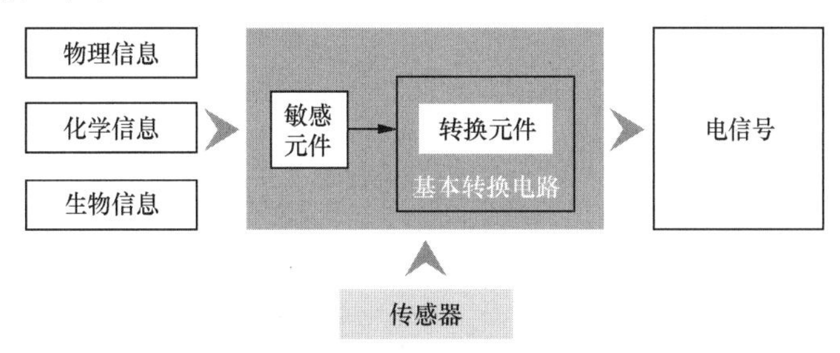

图 3.11　传感器的工作原理

相关物理部件的介绍如下。

（1）敏感元件。敏感元件是直接感受被测量，并输出与被测量有确定关系的某一物理量的元件。

（2）转换元件。转换元件将敏感元件输出的非电物理量转换成电路参数。

（3）基本转换电路。电路参数接入基本转换电路便可转换成电量输出。

3.4.3 ZigBee 无线组网技术

紫峰（ZigBee）是一种高可靠的无线数据传输网络，类似于码分多路访问（Code Division Multiple Access，CDMA）和全球移动通信系统（Global System for Mobile Communications，GSM）网络。ZigBee 数据传输模块类似于移动网络基站。在整个网络范围内，每一个 ZigBee 数据传输模块之间可以相互通信，模块间的距离可以无限伸长，75m 为标准距离。简而言之，ZigBee 就是一种经济、低功耗的近距离无线组网技术，弥补了低成本、低功耗和低速率的无线通信市场的空缺。图 3.12 为 ZigBee 技术的示意。

ZigBee 的工作原理如图 3.13 所示。在图 3.13 中，TCP/IP 为传输控制协议 / 互联网协议（Transmission Control Protocol/Internet Protocol，TCP/IP）的缩写，S1、S2、S3 为 ZigBee 模块切换开关。

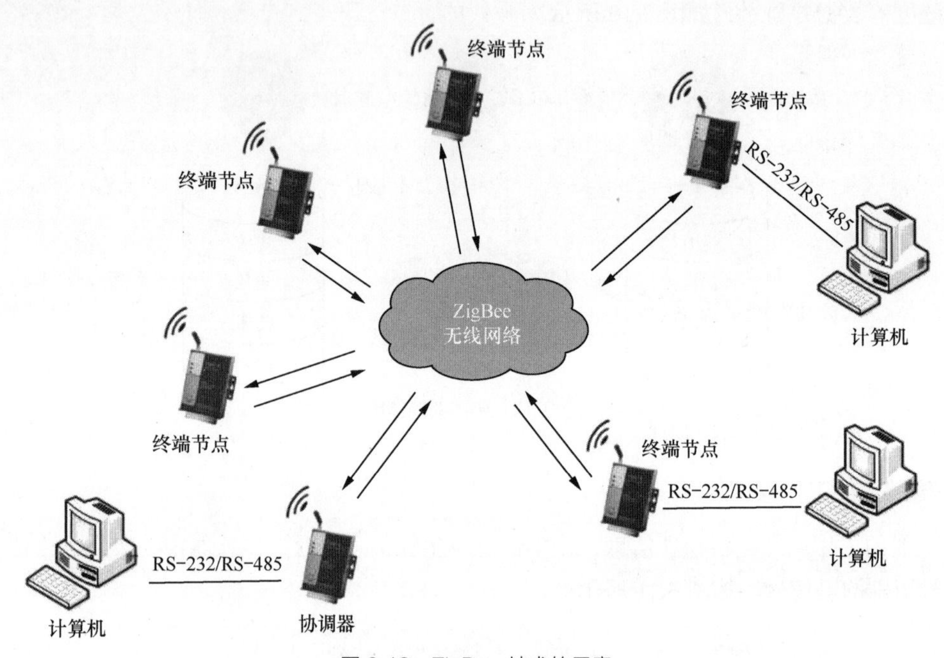

图 3.12　ZigBee 技术的示意

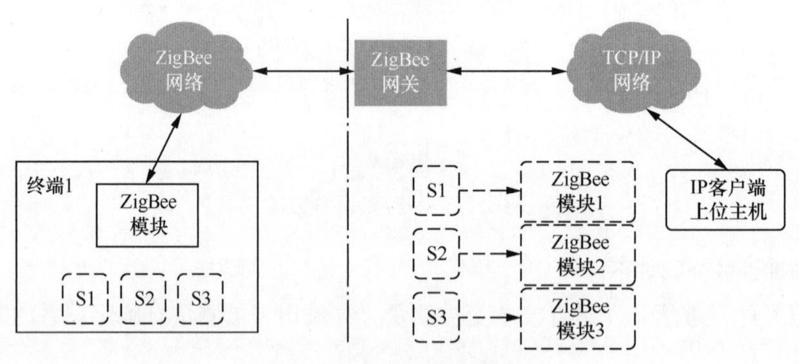

图 3.13　ZigBee 的工作原理

组建一个完整的 ZigBee 网状网络包括两个步骤：网络初始化和节点加入网络。其中节点加入网络包括两种方式：通过与协调器连接入网和通过已有父节点入网。具体步骤如下。

（1）确定网络协调器。

（2）进行信道扫描。

（3）设置网络 ID。

（4）查找网络协调器。

（5）发送关联请求命令（Associaterequest Command）。

（6）等待协调器处理。

（7）发送数据请求命令。

（8）回复。

3.4.4 M2M 框架技术

M2M 框架技术是 Machine to Machine（机器到机器）框架技术的简称，是一种以机器终端智能交互为核心的、网络化的应用与服务。它通过在机器内部嵌入无线通信模块，以无线通信等为接入手段，为客户提供综合的信息化解决方案，以满足客户对监控、指挥调度、数据采集和测量等方面的信息化需求。

通信网络技术的出现和发展使社会生活面貌产生了极大的变化，人与人之间可以更加快捷地沟通，信息的交流更顺畅。但是仅计算机和其他信息技术设备具备联网和通信能力，许多普通机器设备，如家电、车辆、自动售货机、工厂设备等，几乎不具备联网和通信能力。M2M 框架技术的目标就是使所有机器设备都具备联网和通信能力，其核心理念就是"网络一切"（Network Everything）。M2M 框架技术具有非常重要的意义，有着广阔的市场和应用场景，推动着社会生产和生活方式产生新一轮的变革。

M2M 是一种理念，也是所有增强机器设备联网和通信能力的技术的总称。人与人之间的沟通很多也是通过机器实现的，例如通过手机、电话、计算机、传真机等机器之间的通信。有一类技术是专为机器和机器之间建立通信而设计的，如许多智能仪器都带有 RS-232 接口和通用接口总线（General-Purpose Interface Bus，GPIB）通信接口，增强了仪器与仪器之间、仪器与计算机之间的通信能力。目前，绝大多数的机器和传感器不具备本地或者远程的联网和通信能力。M2M 框架技术的工作原理如图 3.14 所示。在图 3.14 中，WMMP 是无线机器通信协议（Wireless Machine-to-Machine Protocol）的缩写。WMMP 由 M2M 平台与 M2M 终端接口协议（WMMP-T）和 M2M 平台与 M2M 应用接口协议（WMMP-A）组成。

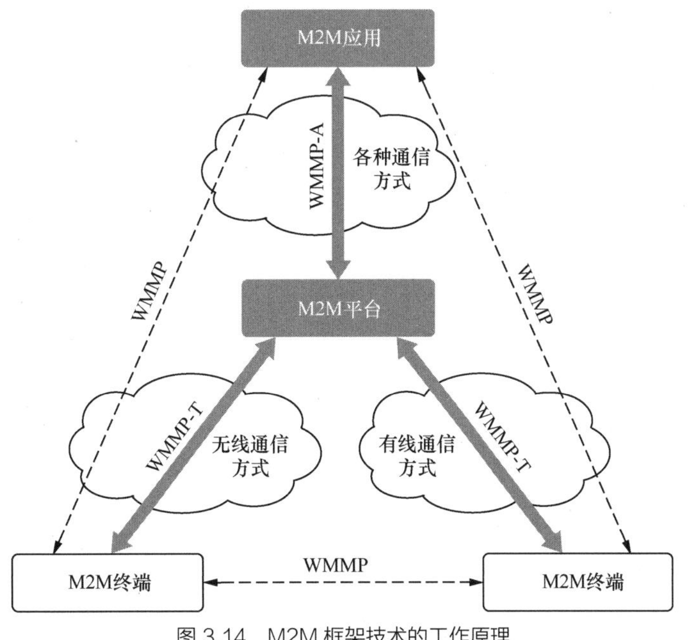

图 3.14　M2M 框架技术的工作原理

3.5 创新设计——设计 AIoT 技术应用于周边物品

“鸿蒙”系统是全场景智能分布式操作系统，简单地说，“鸿蒙”系统就是跨设备、全连接的智能物联网系统。在物联网应用方面，“鸿蒙”系统在自动驾驶、远程医疗等场景提供低迟延的服务，助力物联网的自动生产。

“鸿蒙”系统是为物联网开发的操作系统，针对确定迟延系统的操作系统，可以实现系统端到端处理迟延精确到 5ms，甚至更低的亚毫秒级。“鸿蒙”系统控制这么小的迟延，有利于物联网的自动生产。

请读者联系实际生活中的物品，发挥想象，结合当今流行的“鸿蒙”系统，设计一件可以和物联网结合的物品，写出实际可行的方案。

3.6 小结

AIoT 融合人工智能技术和物联网技术，通过物联网产生、收集来自不同维度的、海量的数据，将其存储于云端，再通过大数据及更高形式的人工智能技术，实现万物数据化、万物智联化。AIoT 最终追求的是形成一个智能化生态体系，在该体系内，可实现不同智能终端设备之间、不同系统平台之间、不同应用场景之间的互融互通、万物互融。为了推动 AIoT 的发展，除了在技术上需要不断革新外，与 AIoT 相关的技术标准、测试标准的研发，相关技术的落地与典型案例的推广和规模应用也是现阶段物联网与人工智能领域亟待解决的重要问题。

项目4 人工智能与云计算

04

人工智能与云计算的关系密切。人工智能发展的3个重要基础分别是数据、算力和算法，而云计算是提供算力的重要途径，所以云计算可以视为人工智能发展的基础之一。

云计算除了能够为人工智能提供算力支撑之外，还能够为大数据提供数据的存储和计算服务，而大数据是人工智能发展的重要基础，所以云计算对于人工智能的发展十分重要。

知识目标

- 了解云计算的基本概念。
- 了解云计算的历史。
- 了解云计算的特点及云计算与人工智能的结合。

技能目标

- 能够根据需要在提供云服务的平台上购买服务。
- 能够利用网络检索云计算与人工智能的相关知识。

素养目标

- 培养精益求精的工匠精神。
- 提高创新意识、规范意识和团队协作能力。

4.1 任务引入

随着云计算技术的不断发展，越来越多的企业和个人选择将服务部署到“云”上。在“云”上运作已经成为如今各行各业寻求突破的全新途径。云计算已经在我们的生活中广泛应用，常用的 App、搜索引擎等的服务器都运行在“云”上，这样才能为我们提供方便的服务。

云计算是与信息技术、软件、互联网相关的一种服务，可以实现计算资源共享。云计算可以把许多计算资源集合起来，通过软件实现自动化管理，只需要很少的人参与，就能让资源被快速提供。简单来说，云计算将计算能力作为一种可以在互联网上流通的商品，就像水、电、煤气一样，可以方便地取用，且价格较为低廉。使用者可以随时按需使用“云”上的资源，并且可以将其看成是无限扩展的，只要按量付费就可以。

云计算的主要应用领域包括医药医疗、制造、金融、能源、电子政务、教育科研、通信等，如图 4.1 所示。下面我们来学习云计算的相关知识。

4.1　人工智能与云计算

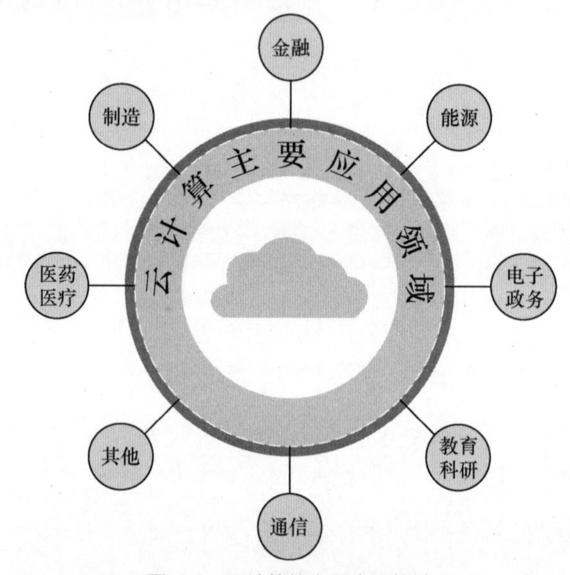

图 4.1　云计算的主要应用领域

4.2 相关知识

4.2　云计算技术基础

4.2.1 云计算技术是什么

从用户视角来看，云计算是第三方提供的计算服务，用户按照自己的需求支付一定的费用后即可使用相应服务。用户可以按需采购服务，弹性扩容。

从云计算服务提供商视角来看，云计算由数据中心支持，聚集大量计算资源，能够支撑大规模的、互联网级别的数据处理和应用。云计算能够通过无差别的存储计算能力来提供公共基础服务。

从平台技术视角来看，如从计算角度看，云计算是由一组内部互连的物理服务器组成的并行和分布式计算系统；从服务角度看，云计算是指通过互联网提供的弹性的硬件、软件和数据服务；从存储角度看，云计算主要用于将信息永久存储在“云”上的服务器中，在使用信息时，只在客户端进行缓存；从配置角度看，云计算是以付费使用的形式向用户提供各种服务的分布式计算系统。

云计算服务的计算环境如图 4.2 所示。

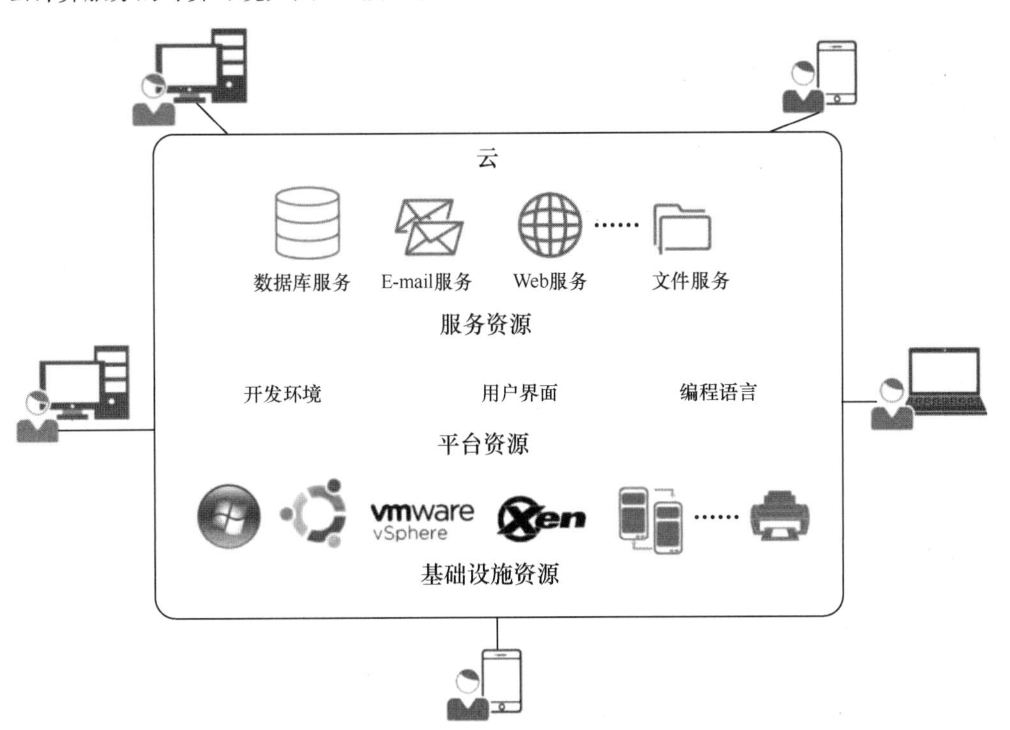

图 4.2　云计算服务的计算环境

目前，构建支持云计算的基础设施的费用占所有信息技术支出的很大一部分，而随着计算工作负载不断向云端转移，无论是提供商提供的公有云服务还是企业自己建立的私有云服务，其传统的、内部的信息技术支出都在不断减少。

4.2.2　云计算的历史

追溯云计算的根源，它的产生和发展与并行计算、分布式计算等计算机技术密切相关，这些技术都促进了云计算的成长。但云计算的历史可以追溯到 1956 年发表的一篇有关虚拟化的论文。在这篇论文中，虚拟化被正式提出。虚拟化是今天云计算基础架构的核心，是云计算发展的基础。随着网络技术的发展，云计算也逐渐发展。

在 20 世纪 90 年代，计算机网络呈爆炸式发展，出现了一系列互联网公司，随即进入互联网“泡沫”时代。

2003 年，开源的虚拟化项目 Xen 启动。

2004 年，Web 2.0 大会举行，Web 2.0 成为当时的热点，这标志着互联网“泡沫”破灭，计算机网络发展进入一个新的阶段。在这一阶段，让更多的用户方便快捷地使用网络服务成为互联网发展亟待解决的问题。一些大型公司开始致力于开发计算能力强大的技术，以便为用户提供更加强大的计算处理服务。

2006 年，埃里克·施密特（Eric Schmidt）在搜索引擎大会（SES San Jose 2006）上首次提出“云计算”（Cloud Computing）的概念。同年，亚马逊网络服务（Amazon Web Services，AWS）平台推出 S3（Simple Storage Service，简单存储服务）和 EC2（Elastic Compute Cloud，弹性计算云）等云服务。

2007 年，云计算成为计算机领域最令人关注的话题之一，也成为互联网建设研究的重要方向。云计算的提出使互联网技术和信息技术服务出现了新的模式，引发了一场变革。

2008 年，微软公司发布其公有云平台 Azure，由此拉开了微软的云计算“大幕”。国内许多大型网络公司也纷纷加入研发云计算的行列。

2009 年 1 月，江苏南京建立了首个“电子商务云计算中心”。同年 11 月，中国移动云平台“大云”计划启动。

2010 年，开源的云计算管理平台 OpenStack 推出。

2011 年，阿里云官方网站上线，并发布其第一个云服务 ECS（Elastic Compute Service，弹性计算服务）。

2014 年，越来越多的企业使用不同类型云的组合体（如公有云和私有云的组合体），即混合云。

云计算的历史如图 4.3 所示。

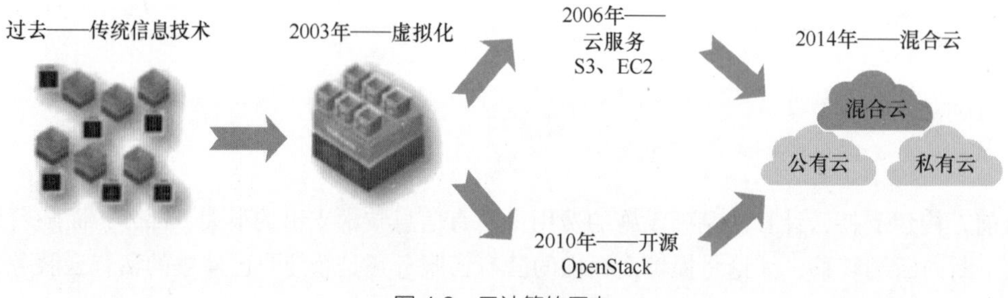

图 4.3　云计算的历史

4.2.3 云计算服务类型

云计算服务类型主要分为基础设施即服务（Infrastructure as a Service，IaaS）、平台即服务（Platform as a Service，PaaS）、软件即服务（Software as a Service，SaaS）3 类。

1. 基础设施即服务

基础设施即服务是云计算的基础，用于为上层云计算服务提供必要的硬件资源。用户无须购买服务器、软件等网络设备或工具。服务提供商出租处理能力、存储空间、网络容量等基本计算资源。用户购买服务后即可部署和运行存储、网络和基本的计算资源，虽然用户不能控制底层的基础设施，但是可以控制操作系统、存储装置、已部署的应用程序，有时也可以有限度地控制特定的网络元件。图 4.4 所示为基础设施即服务。

2. 平台即服务

平台即服务是把服务器平台作为一种服务提供的商业模式。用户不需要管理与控制云基础设施，如网络、存储、服务器、系统等，但需要控制上层的应用程序部署与应用托管的环境。同时平台即服务将软件研发平台作为一种服务开放给用户，用户可以使用软件研发平台个性化定制、开发软件。图 4.5 所示为平台即服务。

3. 软件即服务

软件即服务通过网络提供软件服务。软件即服务提供商将应用软件统一部署在自己的服务器上，用户可以根据实际工作需求，通过互联网向提供商订购所需的应用软件服务。用户可以使用按需定制的软件服务，通过浏览器访问所需的资源服务，比如文字处理、照片管理服务，并不需要安装相关软件。图 4.6 所示为软件即服务。

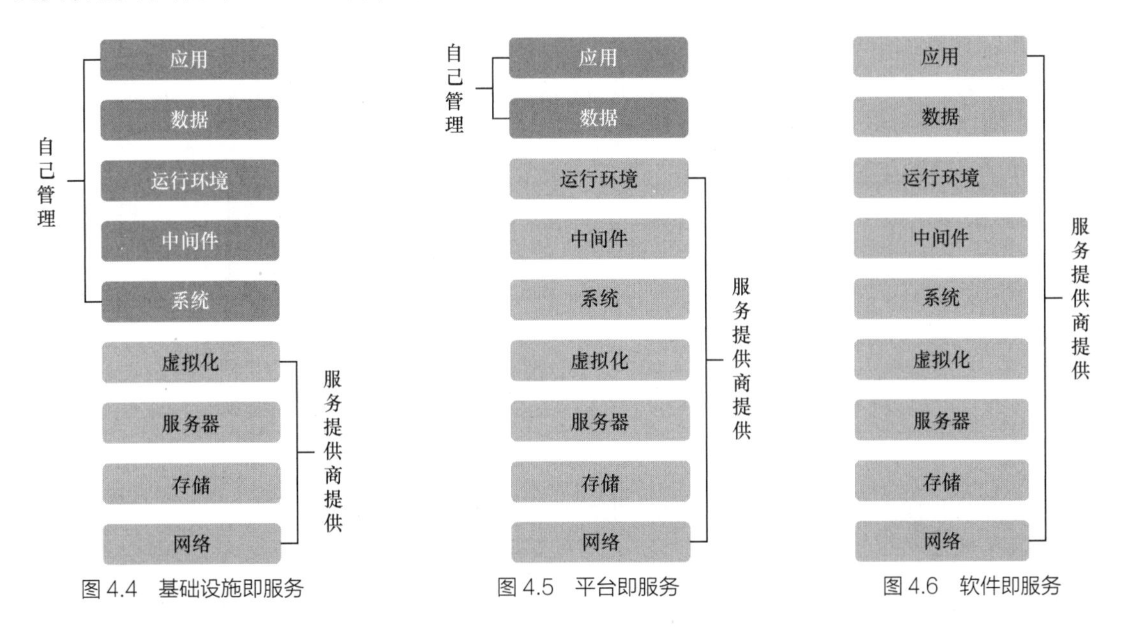

图 4.4　基础设施即服务　　图 4.5　平台即服务　　图 4.6　软件即服务

4.2.4　云计算服务提供商

云计算服务提供商主要为企业和个人用户提供计算和存储资源，以及为应用开发者提供开发平台。

国外主要的公有云提供商有：亚马逊网络服务平台，它提供的云服务包括 EC2、S3、弹性块存储（Elastic Block Store，EBS）、关系数据库服务（Relational Database Service，RDS）等；微软 Azure，它提供的云服务包括 Office 365、在线版的 Dynamics 系列企业软件和在线开发工具等；谷歌计算引擎（Google Compute Engine，GCE），它提供的云服务包括分布式文件系统谷歌文件系统（Google File System，GFS）、分布式计算编程模型 MapReduce、分布式锁服务 Chubby、分布式结构化数据存储系统 Bigtable 等; IBM Cloud（原 IBM SoftLayer），它提供的云服务包括机器学习、区块链、数据库等。

我国主要的公有云提供商如图 4.7 所示。阿里云主要提供的云服务有：计算服务，包括 ECS、轻量应用服务器等；存储服务，包括云并行文件存储（Cloud Parallel File Storage，CPFS）、EBS 等；数据库，包括图数据库、云原生关系数据库 PolarDB 等。腾讯云主要提供的云服务有：计算与网络服务器，包括现场可编程门阵列（Field Programmable Gate Array，FPGA）云服务器、裸金属云服务器等;存储服务,包括云对象存储（Cloud Object Storage,COS）、COS 归档存储（COS Archive Storage，CAS）、云存储网关（Cloud Storage Gateway，CSG）等；内容分发网络（Content Delivery Network，CDN）；视频服务，包括云直播服务（Cloud Streaming Service，CSS）、媒体处理服务（Media Processing Service,MPS）等。百度智能云主要提供的云服务有:计算与网络服务器，包括百度云计算（Baidu Cloud Compute，BCC）云服务器、图形处理单元（Graphics Processing Unit，GPU）云服务器等；存储和 CDN，包括云磁盘服务（Cloud Disk Service，CDS）、专有云存储 ABC Storage 等；数据库服务，包括分布式关系数据库服务（Distributed Relational Database Service，DRDS）、数据传输服务（Data Transmission Service，DTS）等。华为云主要提供的云服务有: 弹性计算服务，包括 ECS、云手机（Cloud Phone，CPH）服务等;存储服务，包括对象存储服务、云硬盘服务（Elastic Volume Service，EVS）等；网络服务，包括虚拟私有云（Virtual Private Cloud，VPC）服务、视频直播（Live）服务等。

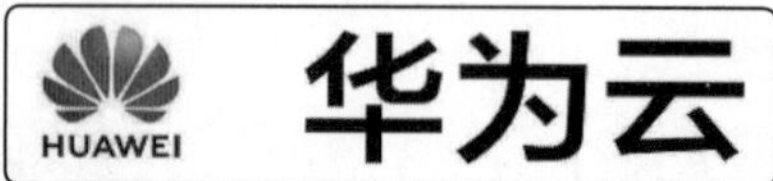

图 4.7 我国主要的公有云提供商

私有云提供商主要有 VMware、华为、浪潮、新华三、微软等。

4.2.5 云计算产业迅猛发展的原因

云计算产业迅猛发展的原因有多方面。从内因分析，在经济“新常态”下，控制企业成本是提高企业盈利水平的必经之路，而云计算与信息技术本地部署模式相比成本更低，企业利用云计算可以减少购买服务器、存储器等基础设施的费用，即接即用、按需付费，可避免资源浪费，有效降低时间成本和资源成本。同时，依托云计算资源池的共享机制，企业利用的云资源可以实现弹性扩张，有效解决企业业务量波动性强的问题，降低企业运营成本。从外因分析，我国云计算应用正从互联网行业加速渗透到政务、金融、工业、轨道交通等行业。

4.3 云计算需求分析

作为新兴技术之一的云计算在数字经济发展中发挥十分重要的作用。中国信息通信研究院 2021 年发布的《云计算白皮书》和 2022 年发布的《云计算白皮书（2022 年）》显示，2020 年、2021 年我国云计算市场规模分别达到 2091 亿元、3229 亿元。《云计算白皮书》中指出，未来几年我国云计算市场将保持快速发展态势，预计“十四五”末市场规模将突破 10000 亿元，这展现了云计算产业的蓬勃生命力。

4.2.6 云计算的部署形式

云计算的部署形式主要有以下几种。

1. 私有云

云端资源只给一个单位内的用户使用，这是私有云的核心特征，而云端的所有权、日常管理和操作的主体到底是谁并没有严格的规定，可能是本单位，也可能是第三方机构，还可能是二者的联合。私有云的云端可能位于本单位内部，也可能托管在其他地方。

2. 社区云

社区云的云端资源专门给固定的几个单位内的用户使用，而这些单位对云端具有相同的诉求（如安全要求、合规性要求等）。云端的所有权、日常管理和操作的主体可能是社区内的一个或多个单位，也可能是社区外的第三方机构，还可能是二者的联合。云端可能部署在本地，也可能部署在其他地方。

3. 公有云

公有云的云端资源开放给社会公众使用。云端的所有权、日常管理和操作的主体可以是一个商业组织、学术机构、政府部门或者它们之中的几个的联合。云端可能部署在本地，也可能部署在其他地方。

4. 混合云

混合云由两个或两个以上不同类型的云（私有云、社区云、公有云）组成，它们各自独立，但将它们由标准的或专有的技术组合起来，能实现数据和应用程序在不同类型的云之间平滑流转。由私有云和公有云构成的混合云目前较为流行，当私有云资源短暂性需求过大（称为云爆发，Cloud Bursting）时，将会自动租赁公有云资源来平抑私有云资源的需求峰值。

4.2.7 云计算的体系结构

云计算的体系结构由用户界面、服务目录、管理系统、部署工具、监控和服务器集群组成。

1. 用户界面

用户界面是提供用户请求服务的交互界面，也是用户使用云服务的入口，用户通过 Web 浏览器可以注册、登录云平台以及定制服务。

2. 服务目录

用户在取得相应权限后可以选择或定制服务目录，也可以对已有服务进行退订操作。在用户界面会生成相应的图标或列表来展示相关的服务。

3. 管理系统

管理系统可以管理用户，对用户的授权、认证和登录进行管理，还可以管理可用资源，接收用户发送的请求，并将用户请求转发到相应的应用程序。

4. 部署工具

部署工具可根据用户请求智能地部署资源和应用，动态地部署、配置和回收资源。

5. 监控

监控可以计量云系统资源的使用情况，实现节点同步配置、负载均衡和资源监控，确保资源能顺利分配给合适的用户。

6. 服务器集群

服务器集群由管理系统管理，负责处理高并发量的用户请求、大运算量的计算、用户 Web 应用服务等。

4.3 任务实施——申请阿里云服务

云平台提供基于硬件资源和软件资源的服务，包括计算、网络和存储等服务。云平台可以划分为 3 类：以数据存储为主的存储型云平台、以数据处理为主的计算型云平台，以及数据存储和处理兼顾的综合云平台。

下面通过阿里云官方网站申请阿里云服务。申请阿里云服务的步骤如下。

（1）进入阿里云官方网站，单击首页右上角的“登录 / 注册”按钮，如图 4.8 所示，跳转到注册页面。可以选择“扫码注册”“账号注册”或者“手机号注册”方式，根据提示填写相关信息，注册用户，如图 4.9 所示。

图 4.8 单击“登录 / 注册”按钮

图 4.9 注册用户

（2）注册并登录后，在首页选择需要购买的云服务，如图 4.10 所示。

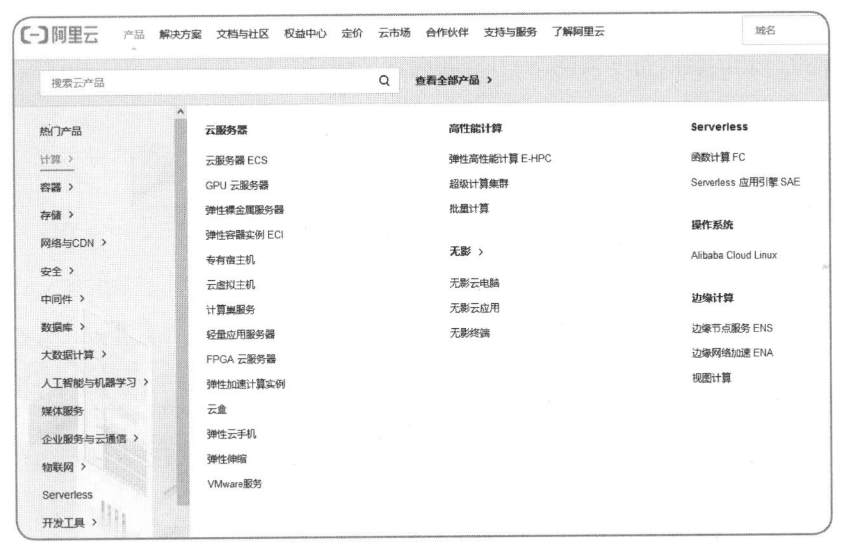

图 4.10 选择需要购买的云服务

（3）在所选服务的详情页单击“立即购买”按钮，购买云服务，如图 4.11 所示。

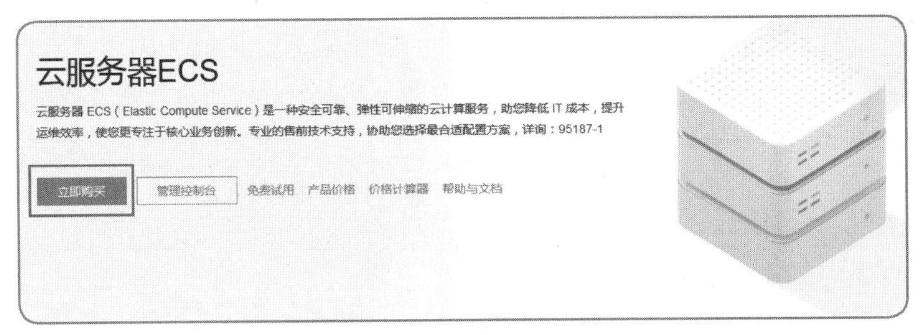

图 4.11 购买云服务

（4）配置购买的云服务。

（5）使用购买的云服务。

4.4 知识拓展——云计算的特点及云计算与人工智能的结合

用云计算和人工智能为实体经济赋能将成为新的发展趋势，同时新技术与传统产业的结合是实体经济发展所需，是振兴当代经济不可或缺的力量。

下面介绍云计算的特点及云计算与人工智能的结合。

1. 云计算的特点

（1）虚拟化。虚拟化是一种计算机资源管理技术，是一种将多种信息技术实体资源抽象、转换成另一种形式的技术。通过虚拟化技术可以将一台计算机虚拟为多台逻辑计算机，在一台计算机上同时运行多台逻辑计算机，每台逻辑计算机运行不同的操作系统，并且其应用程序都可以在相互独立的空间内运行而互不影响，从而显著提高计算机的工作效率。

从行业数据互相关联的角度来说，云计算是极度依赖虚拟化的。但虚拟化并不等同于云计算，虚拟化只是云计算的核心技术。

必须强调的是，虚拟化突破了时间、空间的界限，是云计算最为显著的特点之一，虚拟化技术包括应用虚拟和资源虚拟两种。物理平台与应用部署的环境在空间上是没有任何联系的，它们通过虚拟平台对相应终端操作完成数据备份、迁移和扩展等。

（2）动态可扩展。云计算具有很强的运算能力，在原有服务器的基础上增加云计算功能可以使计算速度迅速提高，最终实现动态扩展虚拟化，达到对应用进行扩展的目的。动态可扩展支持资源动态伸缩，在添加、删除、修改云计算环境的任一资源节点或者资源节点异常宕机的情况下，云计算环境中的各类业务都不会中断，用户数据也不会丢失，其安全性明显提高。

（3）按需部署。计算机包含许多应用，不同的应用对应的数据资源库不同。如果用户运行的应用需要较强的计算能力和资源部署能力，云平台能够根据用户的需求快速配备计算能力及资源。

（4）灵活性高。目前市场上大多数互联网资源软、硬件都支持虚拟化，比如操作系统、存储等。云计算虚拟资源池可以对这些资源进行管理。云计算的兼容性非常强，不仅可以兼容低配置机器、不同厂商生产的硬件产品，还可以通过外设实现更高性能的计算。

（5）可靠性高。服务器故障不会对计算与应用的正常运行造成影响。单点服务器出现故障时，云计算可以通过虚拟化技术将分布在不同物理服务器上的应用进行恢复或利用动态可扩展功能部署新的服务器进行计算。

（6）性价比高。将资源放在虚拟资源池中统一管理在一定程度上可优化物理资源。此时用户不再需要昂贵、存储空间大的计算机，可以选择相对廉价的计算机，一方面能减少费用，另一方面其计算性能不逊于大型计算机。

（7）扩展便利。用户可以利用应用软件的快速部署条件来更简单快捷地将自身的已有业务以及新业务进行扩展。

2. 云计算与人工智能的结合

目前，云计算已成为现代企业不可或缺的工具之一。随着为员工提供远程工作平台的需求日益增长，越来越多的企业使用云计算软件。

与云计算类似，人工智能已进入人们的日常生活。例如，人们无意间遇到的在线广告可能是使用人工智能进行投放的。

云计算和人工智能都为提升用户体验做出了重要贡献，云计算和人工智能的结合也为广泛的应用场景提供了支持，包括自然语言处理、图像识别、推荐系统、智能物联网等领域。未来，云计算和人工智能可以以互惠互利的方式来发挥最大潜力，最大程度地提高用户体验及工作效率。

4.5 创新设计——设想云计算与其他技术结合

云计算技术的发展可以说与人类的发展是相通的。

传统互联网发展的主要瓶颈是计算能力跟不上，所以逐渐发展出了超大型机和大型的数据中心，将计算资源用最原始的方式固定在一起，这个时候是“合”，即整合计算能力。随着互联网业务的全球化，需要在全球建立数据节点，即“分”。现在，互联网业务以数据为中心，设备和应用围绕着数据运行，这个时候需要“合”。

就像人类的发展一样，云计算的发展符合“合久必分，分久必合”的规律。每一次的分、合都伴随技术的进步，最后实现各开源技术深度融合。

阅读以上内容，设想云计算还会与哪些技术结合，以及结合后会给人们的生活方式带来哪些改变。

4.6 小结

本项目引导读者学习了云计算技术的相关概念、历史、服务类型等基础知识；通过对云计算体系结构的介绍，让读者更深切地感受云计算技术的魅力。任务实施部分带领读者通过实际操作学习了申请阿里云服务的方法。知识拓展部分介绍了云计算与人工智能的结合。读者学习完本项目后，可以对人工智能与云计算技术结合的应用有系统的认识。

项目5 人工智能与数字媒体

05

自从人工智能进驻新闻机构后，人工智能主播、写报道的机器人等应运而生，人工智能技术广泛地运用在媒体与传播领域。人工智能技术的革新在数据新闻、沉浸式媒体、社交媒体机器人、多媒体处理等领域产生了深远的影响。

在全球数字化与人工智能浪潮中，媒体也经历了智能转型。数字媒体技术传统的研究方向为计算机图形学、数字图像处理等，现在不仅增加了游戏制作、虚拟现实、增强现实等方向，还增加了网站制作、视频后期处理、三维建模等方向，数字媒体领域与人工智能的结合越来越紧密。

知识目标

- 了解数字媒体的相关概念。
- 掌握数字媒体的主流技术。
- 了解人工智能对数字媒体的影响。

技能目标

- 熟悉 HTML5 技术。
- 能够制作页面通用尾部内容。
- 了解计算机动画技术的应用。

素养目标

- 提高审美水平。
- 培养精益求精的工匠精神。

5.1 任务引入

伴随着人工智能的不断发展，人工智能的应用领域范围在逐渐扩大，使人们的生活和生产的方式较以往发生了翻天覆地的变化。在计算机大力发展和普及的同时，数字媒体技术也在人工智能时代的背景之下得到发展，使文化的魅力充分展现出来。

5.1 人工智能与数字媒体

许多影视作品通过特效技术给观众良好的视听体验。比如 2019 年上映的科幻电影《流浪地球》中有驾驶着用轨迹球操作的汽车及太空站中和智能机器人交互等场景。而许多电影中关于未来科技的设想正在被实现，比如国内各大视频平台推出的互动视频、智能机器人、医疗智能读片系统等。

那么，数字媒体技术会给我们的生活带来怎样的改变呢？数字媒体技术与人工智能的结合会对数字媒体技术产生哪些影响呢？

5.2 相关知识

5.2.1 数字媒体是什么

数字媒体属于工学学科门类，是指以二进制数的形式获取、处理、传播、记录数据的信息载体。数字媒体技术主要研究与数字媒体信息的获取、处理、存储、传播、管理、安全、输出等相关的理论、方法、技术与系统，是涉及计算机技术、通信技术和信息处理技术等信息技术的综合应用技术。数字媒体技术本身可以将原本抽象的信息变得形象和生动，如果结合人工智能，这些形象且生动的信息便会变得更具主动性。

数字媒体技术主要包含场景设计、角色形象设计、游戏程序设计、多媒体后期处理、人机交互等技术。数字媒体是多媒体技术与艺术创作结合的产物，广泛运用于影视、商业、教育服务、动漫设计与制作等领域。在影视领域中，数字媒体可结合光学、声学等向大众展示传播内容。在商业领域中，数字媒体可用于设计具有科技感的平台界面。在教育服务领域中，利用了数字媒体技术的多媒体计算机辅助教学打破了单纯文字讲解的枯燥桎梏，做到声、图、文并茂，通过感官刺激提高学生学习兴趣，从而达到提高教学质量的目的。在动漫设计与制作领域中，运用数字媒体技术有很大的优势，如设计者可只设计出关键帧，然后通过数字媒体技术自动生成中间画面，其效果非常流畅、清晰；数字媒体技术的另一种运用场景是三维动画的设计与制作。三维动画比二维动画复杂，但能带来更立体的视觉感受，如《画江湖》《哪吒之魔童降世》等。

虚拟现实是近年的技术热点之一，被快速地应用到影视制作、游戏、城市规划、建筑、旅游等多个领域。数字媒体和虚拟现实的深度融合，极大地促进了数字媒体行业的发展。未来，数字媒体技术的发展前景非常可观。在虚拟现实快速发展的推动下，数字媒体能够实现比传统媒体内容更丰富、方式更便捷、品质更优秀的传播。

在数字媒体技术全面快速发展的今天，人工智能技术也得到了广泛的应用。人工智能可以不断优化数字媒体的作用，还能够充分发挥数字媒体的应用优势，全方位满足人们的需求。

5.2.2 数字媒体技术相关概念

数字媒体技术相关概念及解释如下。

（1）媒体。媒体是信息交流和传播的载体，是一种工具。媒体包括信息和信息载体两个基本要素。媒体有以下两层含义。

① 传递信息的载体，称为媒介，也称为逻辑载体，如数字、文字、符号、图形、图像、声音、视频、动画等。

② 存储信息的实体，称为媒质，也称为物理媒体，如纸、磁盘、光盘、磁带、半导体存储器等。

国际电信联盟（International Telecommunications Union，ITU）从技术角度将媒体分为：感觉（语言、音乐、文字、图形、图像等）、表示（编码等）、显示（输入输出设备等）、存储（光盘、磁盘等）、信息交换（电缆、光纤等）和传输（存储和传输媒体，或二者的结合）。媒体的特点是多样性、集成性、交互性和数字化。

（2）数字媒体。数字媒体是以数字化的形式存储、处理和传播信息的媒体，以网络为主要传播载体，包括信息和媒介。数字化的作品以现代网络为主要传播载体，通过完善的服务体系，分发到终端和用户进行消费。

（3）传播模式。数字媒体的传播模式主要有大众传播模式、媒体信息传播模式、数字媒体传播模式、超媒体传播模式。

（4）产业价值链。数字媒体的产业价值链包括内容创建、内容管理（存储管理，查询管理，目录、索引管理）、内容发行、应用开发、运营接入、价值链集成、媒体应用等。

（5）数字媒体发展方向。数字媒体的发展方向主要包括内容制作技术及平台、音视频内容搜索技术、数字版权保护技术、数字媒体人机交互与终端技术、数字媒体资源管理平台与服务、数字媒体产品交易平台。

（6）采样。采样是对于连续的信号，在时间轴上每隔一定的时间采集相应数据的过程。

（7）采样频率。采样频率是指每秒内采样的次数。

（8）编码。编码是将信息从一种形式或格式转换为另一种形式或格式的过程，简单来讲就是语言的翻译过程。汉字编码分为输入码、区位码、机内码、字形码等。英文编码通常采用ASCII。

（9）图像分类。数字媒体的图像通常可分为二值图像、灰度图像、真彩色图像和颜色索引图像。

（10）音频特征。数字媒体的音频特征主要有频率（影响音调）、振幅（影响响度）和波形（影响音色）。

（11）音频编码方式。数字媒体的音频编码方式分为波形编码、参数编码和混合编码。其中，波形编码又分为脉冲编码调制（Pulse Code Modulation，PCM）、差分脉冲编码调制（Differential

Pulse Code Modulation，DPCM）、自适应差分脉冲编码调制（Adaptive Differential Pulse Code Modulation，ADPCM）等。

（12）音频质量。数字媒体的音频质量的影响因素主要有采样频率、量化深度（量化分辨率）、音频流码率。

（13）视频信号类型。数字媒体的视频信号通常分为复合视频信号、分量视频信号和 S-Video 信号。

（14）电视制式。中国、西欧的多数国家的电视制式采用 PAL（Phase Alteration Line）制，美国、日本的电视制式采用 NTSC（National Television Standards Committee）制，法国、东欧的国家的电视制式采用 SECAM（Sequential Color and Memory）制。

（15）视频属性。数字媒体的视频属性主要包括视频分辨率、图像深度、帧率和压缩质量。

（16）镜头。镜头是从不同的角度、以不同的焦距、用不同的时间一次性拍摄，并经过不同处理的一段胶片，它是一部影片的最小单位。

（17）镜头组接。镜头组接就是把一段影片的每一个镜头按一定的顺序和手法连接起来，形成一个具有条理性和逻辑性的整体。

（18）内存储器。内存储器直接与 CPU 相连，存储容量较小，但速度快，用来存放当前运行程序的指令和数据，并直接与 CPU 交换信息。内存储器有多种分类方式，如下所示。

① 按用途分类：主存储器、高速缓冲存储器、视频随机存储器（Video Random Access Memory，VRAM）。

② 按工作原理分类：随机存取器（Random Access Memory，RAM），又分为静态随机存储器（Static Random Access Memory，SRAM）和动态随机存储器（Dynamic Random Access Memory，DRAM）；只读存储器（Read-Only Memory，ROM），又分为可编程只读存储器（Programmable Read-Only Memory，PROM）和可擦可编程只读存储器（Erasable Programmable Read-Only Memory，EPROM）。

（19）光盘。光盘是用激光扫描的方式记录、保存读取信息的一种介质。光盘记录密度高，存储容量大，读写方式为非接触式，保存时间长，价格低廉。光盘的分类：数字音频光盘（Compact Disc-Digital Audio，CD-DA）、只读存储光盘（Compact Disc-Read Only Memory，CD-ROM）、可刻录光盘（Compact Disc-Recordable，CD-R）、可重复刻录光盘（Compact Disc-Rewritable，CD-RW）、数字视频光盘（Video Compact Disc，VCD）和多用途数字光盘（Digital Versatile Disc，DVD）。

（20）冗余。多余或重复的内容（包括信息、语言、代码、结构、服务、软件、硬件等）均称为冗余。数字媒体的冗余分为空间冗余、时间冗余、结构冗余、知识冗余、视觉冗余、信息熵冗余等。

（21）压缩。数字媒体文件可以压缩传输和保存。按压缩后数字媒体文件是否有损失，压缩可分为有损压缩和无损压缩；按压缩的数字媒体的类型，压缩可分为图像压缩、声音压缩和运动图像压缩。常见的压缩技术或标准如下。

① MP3。动态影像专家压缩标准音频层面 3（Moving Picture Experts Group Audio Layer Ⅲ，MP3）是一种常见的声音压缩技术。MP3 编码框架主要包括子带滤波组、快速傅里叶变换（Fast Fourier Transform，FFT）、改进的离散余弦变换（Modified Discrete Cosine Transform，MDCT）、心理声学模型、量化、编码和比特流组装。

② JPEG。图像压缩包括基于DPCM的无损压缩和基于离散余弦变换（Discrete Cosine Transform，DCT）的有损压缩。联合图像专家组（Joint Photographic Experts Group，JPEG）标准是一种常见的有损压缩标准。

5.2.3 HTML5技术简介

超文本标记语言（Hypertext Markup Language，HTML）是在万维网中用来建立超媒体文件的语言，也是构建及呈现互联网内容的语言。HTML5是目前最新的HTML标准，被认为是互联网的核心技术之一。

1. HTML标准的历史

从HTML 1.0到HTML5，浏览器行业经历了漫长的竞争和发展。HTML标准的历史如表5.1所示。

表5.1 HTML标准的历史

版本	说明
HTML 1.0	1993年6月作为因特网工程任务组（Internet Engineering Task Force，IETF）工作草案发布，并非标准
HTML 2.0	1995年11月作为IETF备忘录RFC 1866发布，在RFC 2854于2000年6月发布之后被宣布已经过时
HTML 3.2	1997年1月14日发布，是万维网联盟（World Wide Web Consortium，W3C）推荐标准
HTML 4.0	1997年12月18日发布，是W3C推荐标准
HTML 4.01	1999年12月24日发布，是W3C推荐标准（仅做了微小改进，HTML标准已经基本成型）
XHTML 1.0	2000年1月26日发布，是W3C推荐标准，后来经过修订于2002年8月1日重新发布
XHTML 1.1	2001年5月31日发布，是W3C推荐标准
XHTML 2.0	是W3C工作草案，于起草阶段停止
HTML5	2014年10月28日发布，是W3C推荐标准

2. HTML5的优势

首先，HTML5标准是一个受到了广大浏览器提供商和开发者认可和支持的标准。现代主流浏览器都支持HTML5，不仅个人计算机（Personal Computer，PC）端浏览器支持良好，很多移动端浏览器也开始支持。

其次，HTML5标准是在HTML 4.01基础上的扩展，其中添加了大量的语义化标签，让代码含义更明确，便于搜索引擎解析识别，也便于开发者合理划分页面结构，提高代码可读性。并且HTML5标准包含大量需要配合JavaScript脚本实现的动态交互效果、数据处理和多媒体播放功能，这促使浏览器提供商将这些效果和功能在浏览器中实现，降低了开发者的开发难度。

最后，HTML5的优势不仅仅体现在网页中，如今大量的嵌入式设备的开发框架中，也引入或借鉴HTML5标准来进行应用页面的设计与实现。

5.2.4 流媒体技术简介

流媒体又叫流式媒体，是具备“边传边播”特点的一种多媒体，如音频、视频或多媒体文件。

流媒体技术将采集到的连续非串流格式的视频和音频编码压缩（目的是减少对带宽的消耗）成串流格式（目的是提高音视频应用的质量）放到网站服务器上，用户通过客户端播放器搜索并播放自己想看的节目，实现一边下载一边观看，不再需要全部下载之后才能观看。流媒体的“流”是指其采用流式传输方式，此传输方式可实现边传边播，是流媒体技术的关键。流媒体的出现极大地方便了人们的工作和生活，下面举个例子来深入体会一下。

比如在地球的另一端，某个教授正在兴致盎然地教授一门我们喜欢的课程，只要在网络上找到该在线课程并播放，我们就可以学习该课程。课程可以一边下载一边播放，虽然我们远在“天涯”，却有亲临现场之感。除了远程教育，流媒体在网络电台、网络视频等方面也有着广泛的应用。

简而言之，流媒体将音视频文件经过压缩处理后，放在网络服务器上，在互联网中使用流式传输方式分段传送，客户端计算机仅需将起始几秒的数据先下载到本地的缓冲区中就可以播放音视频，后面收到的数据会源源不断地输入缓冲区，可实现即时播放。流媒体的一个好处是用户不需要花费很长时间将数据全部下载到本地后再播放，这样节省了下载时间和存储空间，使时延大大减少。

1. 传统流媒体技术

传统流媒体技术主要包括实时流式传输技术。实时流式传输技术采用专门的流媒体服务器存储多媒体文件。当客户端发起连接想要播放多媒体资源时，一般通过专有的实时流式传输协议把位于流媒体服务器上的多媒体数据直接传输到客户端的播放器，再实时播放。实时流式传输客户端与服务器交互的流程如图 5.1 所示，其中，HTTP 为超文本传送协议（Hypertext Transfer Protocol）。

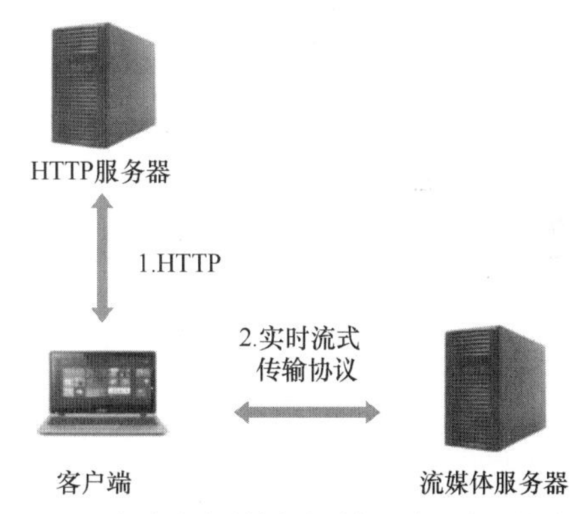

图 5.1 实时流式传输客户端与服务器交互的流程

下面介绍几种常见的传统流媒体技术。

（1）RTSP/RTP 技术

实时流协议（Real-Time Streaming Protocol，RTSP）是一种传统的流媒体控制协议，其特点是从客户端连接至服务器，一直到连接中断的整个过程，服务器会一直监听客户端的状态。客户端通过 RTSP 向服务器传达控制命令，如播放、暂停或中断等命令。

实时传输协议 / 实时传输控制协议（Real-Time Transport Protocol/Real-Time Transport Control Protocol，RTP/RTCP）是端对端基于组播的应用层协议。其中，RTP 用于数据传输，RTCP 用于统计、管理和控制 RTP 传输，两者协同工作，能够显著提高网络实时数据的传输效率。

基于 RTSP/RTP 的流媒体技术方案，服务器和客户端之间建立连接之后，服务器开始持续不断地发送媒体数据包，媒体数据包采用 RTP 进行封装，客户端控制信息通过 RTSP 信息包以用户数据报协议（User Datagram Protocol，UDP）或 TCP 的方式传送。

基于 RTSP/RTP 的流媒体系统是专门针对大规模流媒体直播和点播等应用而设计的，需要专门的流媒体服务器的支持，它主要具有如下优势。

① 流媒体播放的实时性。与渐进式下载客户端需要先缓冲一定数量的媒体数据才能开始播放不同，基于 RTSP/RTP 的流媒体客户端几乎在接收到第一帧媒体数据的同时就可以播放。流媒体客户端支持进度条搜索、快进、快退等高级控制功能。

② 平滑、流畅的音视频播放体验。在基于 RTSP 的流媒体会话期间，客户端与服务器之间始终保持会话联系，服务器能够对来自客户端的反馈信息做出动态响应。当网络拥塞导致可用带宽不足时，服务器可通过适当降低帧率等方式来智能调整数据发送速率。

③ 支持大规模用户扩展。专业的流媒体服务器在大容量媒体文件硬盘读取、内存缓冲和网络发送等方面进行了优化，可支持大规模用户扩展。

④ 内容版权保护。在基于 RTSP/RTP 的流媒体系统中，客户端只在内存中维持一个较小的解码缓冲区，播放后的媒体数据随时清除，用户不容易截取和复制。此外，还可利用数字权利管理（Digital Rights Management，DRM）等版权保护系统进行加密处理。

尽管如此，基于 RTSP/RTP 的流媒体系统在实际的应用部署中仍然遇到了不少问题，主要体现在以下几个方面。

① 与 Web 服务器相比，流媒体服务器的安装、配置和维护都较为复杂，特别是对于基础设施完备的运营商来说，重新安装、配置支持 RTSP/RTP 的流媒体服务器工作量很大。

② RTSP/RTP 协议栈的逻辑实现较为复杂，与支持 HTTP 相比，支持 RTSP/RTP 的客户端软、硬件实现难度较大。

③ RTSP 使用的网络端口号可能被部分用户网络中的防火墙等封堵，导致无法使用。虽然有些流媒体服务器可通过隧道方式将 RTSP 配置在 HTTP 的 80 端口上，但实际部署起来并不是特别方便。

（2）RTMP 技术

实时消息传输协议（Real-Time Messaging Protocol，RTMP）是由 Adobe 公司提出的，用于在 Flash 平台之间传递音视频以及其他数据。与 RTSP/RTP 提供流媒体服务的方式不同，RTMP 本身既可以传输多媒体数据，也可以控制多媒体播放。

RTMP 有以下两个特点。

① 无须安装客户端程序，浏览器默认支持播放 RTMP 流。

② 采用 TCP 作为 RTMP 在传输层的协议，避免了多媒体数据在广域网传输过程中丢包，保证了媒体传输质量。

（3）HTTP 渐进式下载技术

HTTP 渐进式下载技术与 RTSP/RTP 技术相比，采用了无状态的 HTTP。当 HTTP 客户端向前端请求数据时，服务器将请求的数据下发给客户端，但是服务器并不会记录客户端的状态，每次的 HTTP 请求都是一个一次性独立的会话。HTTP 渐进式下载客户端与服务器交互的流程如图 5.2 所示。

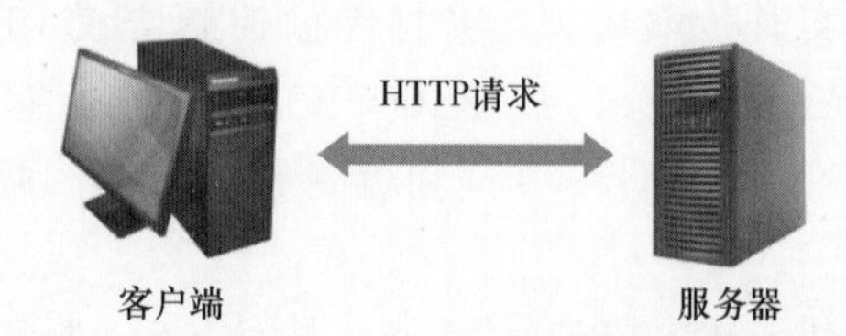

图 5.2　HTTP 渐进式下载客户端与服务器交互的流程

所谓的渐进式下载，即终端播放器可以在

整个媒体文件下载完成之前开始播放。如果客户端及服务器都支持 HTTP1.1，终端播放器还可从没下载完成的部分中任意选取一个时间点开始播放。

目前，主流的视频网站都采用 HTTP 渐进式下载的方式来实现流媒体的分发。

作为最简单和原始的流媒体解决方案之一，HTTP 渐进式下载的显著优点在于它仅需要维护一个标准的 Web 服务器，其安装和维护的工作量和复杂度比专门的流媒体服务器低。

然而，HTTP 渐进式下载的缺点也很明显，具体如下。

① 容易浪费带宽资源。当一个用户在下载、观看某内容之后选择停止观看，那么已经下载完成的内容则浪费了带宽资源。

② 缺乏文件内容保护机制。在渐进式下载模式中，下载的文件缓存在客户端硬盘的临时目录中，用户可将其复制至其他位置供以后播放。

③ 仅仅适用于点播内容，而不支持直播内容。

④ 缺乏灵活的会话控制功能和智能的流量调节机制。

2. 自适应流媒体技术

自适应流媒体（Adaptive Streaming）技术融合了传统 RTSP/RTP 流媒体技术和 HTTP 渐进式下载技术，具有高效、可扩展及兼容性强的特点。

5.2.5 计算机动画技术

动画在图形学中经常使用。计算机动画技术是借助计算机生成一系列连续图像并且图像可动态播放的计算机技术，计算机动画如图 5.3 所示。下面主要围绕计算机动画中的关键帧动画进行介绍。

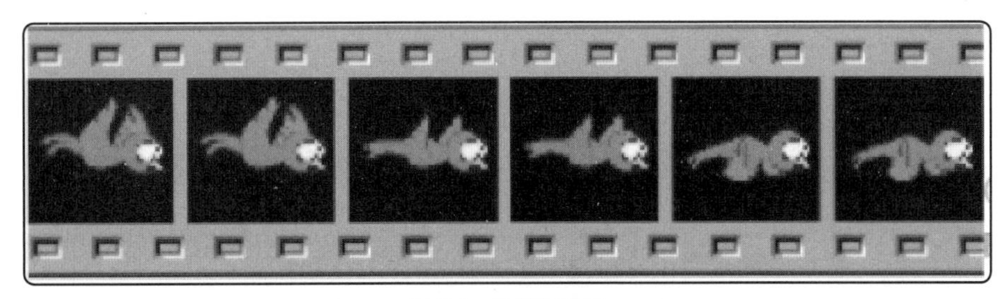

图 5.3 计算机动画

1. 关键帧动画概述

动画设计人员通过在动画的重要时刻编辑、记录动画信息，并在运行时由系统根据关键时刻记录的数据，反向计算出每帧数据，这种动画技术就是关键帧动画。关键帧动画通常用于快速制作简易的动画。大部分视频编辑软件带有这个功能，通过该功能可以快速完成变化有规律的动画制作。由于关键帧数据是离散的，而且需要对每帧数据采样，因此我们可以先用关键帧数据构建一个平滑连续的样板函数曲线（一般默认是 Catmull-Rom 样条曲线）。当然，设计人员也可以通过修改曲线来改变运行时系统计算的每帧数据（关键帧数据不变，过程帧根据曲线不同而变化）。

一条连续的曲线 $f(t)$ 是通过动画设计者指定的关键点来拟合的，只有在帧的位置上的值才有意义。函数的导数 $\mathrm{d}f/\mathrm{d}t$ 给出了参数变化的速度，它由使用者和程序自动确定。动画关键点样板函数曲线拟合结果如图 5.4 所示。

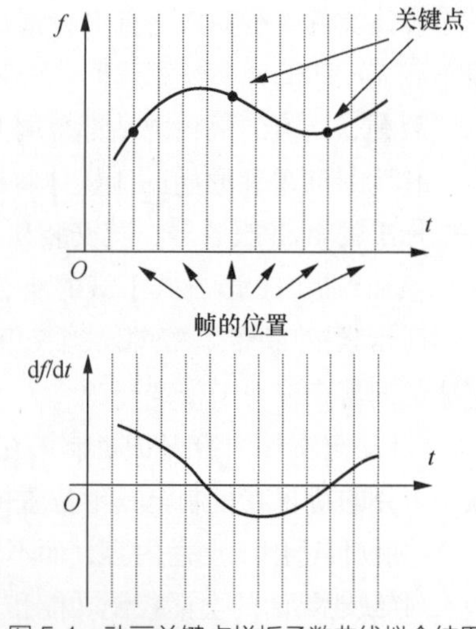

图 5.4　动画关键点样板函数曲线拟合结果

2. 骨骼动画

骨骼动画是一种常用的关键帧动画，如图 5.5 所示，其原理是在一组树形结构的骨骼的基础上通过蒙皮指定顶点受哪些骨骼的影响。设计人员通过调整骨骼在关键帧的位置朝向矩阵，构建出整个模型的动作关键帧。

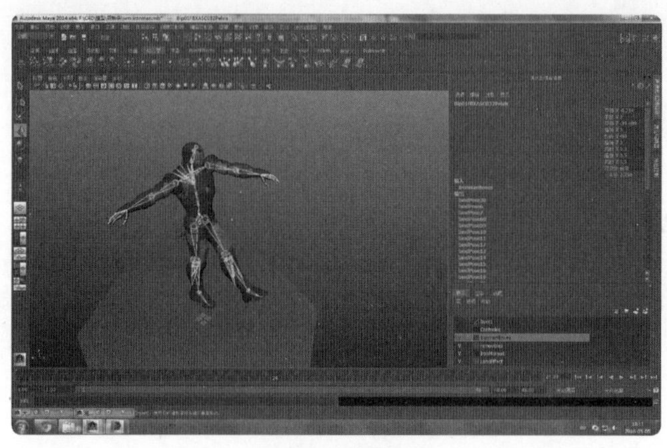
图 5.5　骨骼动画

3. 面部动画

与有大范围肢体运动的动画不同，面部表情等的动画不适合用骨骼动画来制作，因为现实中的面部表情等动作是由肌肉群控制的，而不是由骨骼控制的，更重要的是面部动画要比骨骼动画精细得多。面部动画一般使用一套人脸运动编码系统来制作，如图 5.6 所示。例如，使用一套参数来描述人脸特征，它可以用来制作脸，控制眉间距、鼻子长度等。

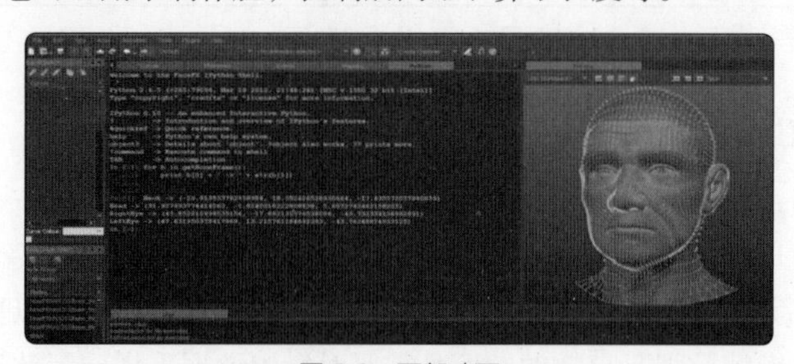
图 5.6　面部动画

4. 动作捕捉

动作捕捉是一种通过在表演者身上添加传感器来捕捉做某个动作时骨骼位置及朝向信息并生

成动作关键帧的动画制作方式。动作捕捉现在已广泛应用在游戏等领域。

5.2.6 人工智能赋能数字媒体

人工智能作为新一轮科技革命和产业变革的重要驱动力，近年来与数字媒体的深度融合正蓬勃开展。人工智能不仅被广泛应用于解决各类业务问题，还有力推动了企业和公共部门的数字化转型。

对于紧扣时代脉搏的新闻媒体来说，全面拥抱新兴数字技术已成为必然战略选择，许多新闻媒体已经实现了数字化转型，成为数字媒体的一部分。写稿机器人、算法驱动的自动化传播、个性化广告推送……丰富多彩的 AI 技术与应用可以全方位赋能从内容采集、制作、分发、审核到市场营销、客户服务的新闻生产链深度转型，进而重构媒体产业生态和商业模式。在新闻采集和发布业务中，人工智能所具有的深度学习、自动化算法、数据分析和自然语言处理等技术手段和工具可以打通新闻采编与技术部门的壁垒，跨部门解决技术、设计、编辑、营销等问题，实现精准传播，提升线下、线上订阅量。人工智能在海量资讯素材的规格化、模式化处理等方面尤其高效，能让新闻从业者从繁杂、机械的流程性工作中抽离出来，专注于进行更为复杂的深度创作和更为精细的新闻生产。

对于流媒体发展来说，人工智能的自动化文本生成、算法推送、用户需求预测及流失情况分析等功能可以快速增加与传播数字内容，极大地加速了数字媒体的发展。

5.3 任务实施——数字媒体项目体验

当今已经步入数字化时代，各个领域都已经和数字化产生相应的联系。例如，将数字技术和媒体领域结合，会使数字媒体的科学元素和艺术元素逐步增多，更加具有美学特征。下面通过 HBuilderX 体验数字媒体项目。

5.3.1 使用 HBuilderX 创建项目

使用 HBuilderX 创建新云课堂项目的步骤如下。

（1）打开 HBuilderX 集成开发环境。在菜单栏中依次选择“文件”→“新建”→“1. 项目”选项，如图 5.7 所示。在弹出的“新建项目”对话框中进行设置，如图 5.8 所示，创建一个项目名称为“Hello Web”的空项目。

图 5.7 新建项目

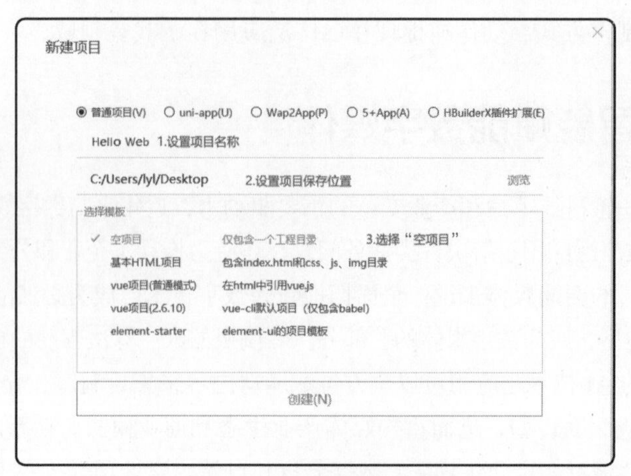

图 5.8 “新建项目”对话框

（2）在项目根目录上单击鼠标右键，在弹出的快捷菜单中依次选择“新建”→“2. 目录”，如图 5.9 所示，分别新建 css 目录、resources 目录和 src 目录。

css 目录用来放置扩展名为 .css 的串联样式表（Cascading Style Sheets，CSS）文件，resources 目录用来放置项目使用的资源文件，src 目录用来存放源代码文件。此外，还可以新建 js 目录以放置扩展名为 .js 的 JavaScript 文件，新建 html 目录以放置扩展名为 .html 的页面文件。

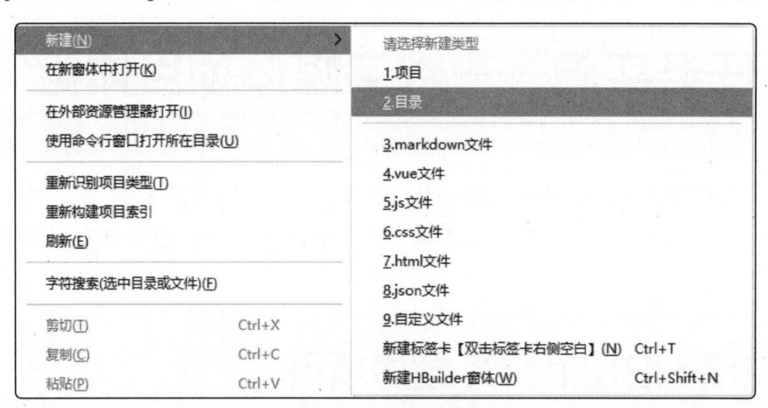

图 5.9 新建目录

经验分享

项目目录格式（见图 5.10）并不是严格固定的，可根据具体需求设计，但通常将同一类文件放到同一目录下，如 html 文件夹下通常放置 html 文件。文件夹名称也可以自定义，但是推荐使用相关的英文单词作为文件夹名称，如 css 文件夹也可以使用 style 作为名称。常见的前端项目的路径结构也可以根据具体的内容关联进行区分。

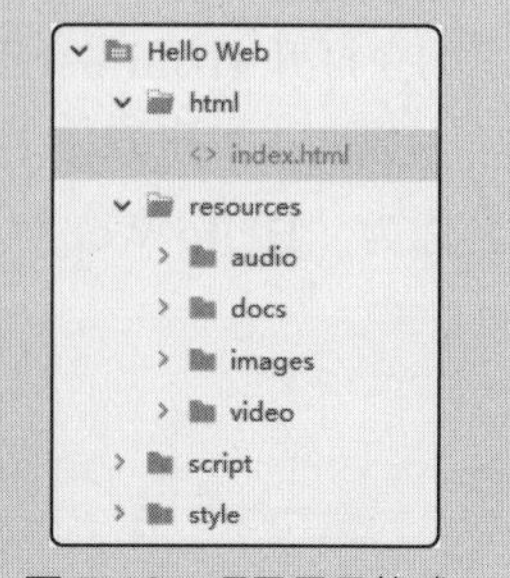

图 5.10 项目目录格式

（3）在项目根目录上单击鼠标右键，在弹出的快捷菜单中依次选择“新建”→“7.html 文件”选项，如图 5.11 所示。在弹出的“新建 html 文件”对话框中进行设置，如图 5.12 所示，创建 index.html 文件。

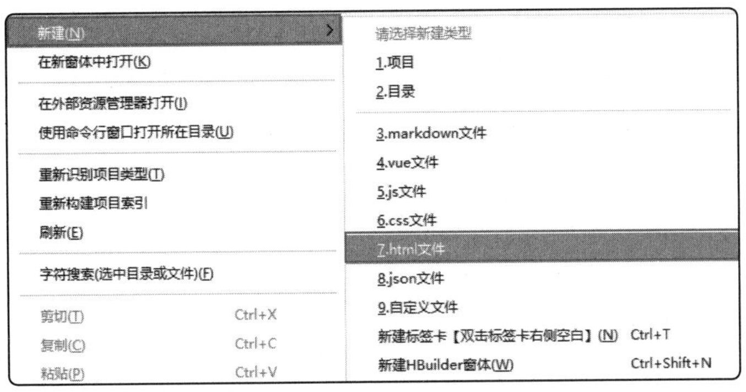

图 5.11　新建 html 文件

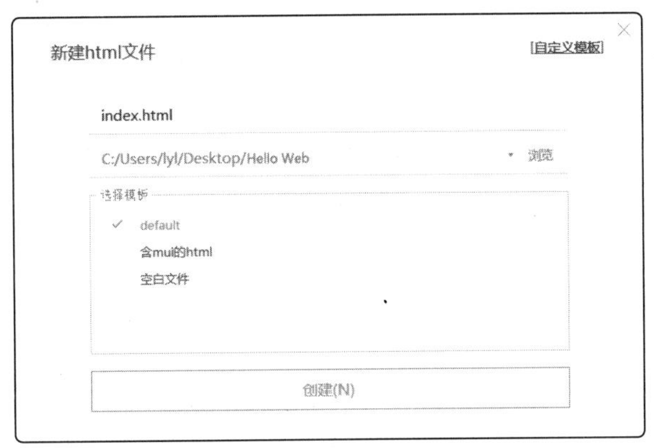

图 5.12　“新建 html 文件”对话框

（4）在“编辑”→“缩进”子菜单中，先勾选“按下 Tab 时使用空格代替制表符”与“Tab 宽度：4 个空格”选项，然后选择“将 Tab 转成空格”选项，如图 5.13 所示。将页面中的制表符转换为 4 个空格，这样之后每次按【Tab】键会输入 4 个空格。

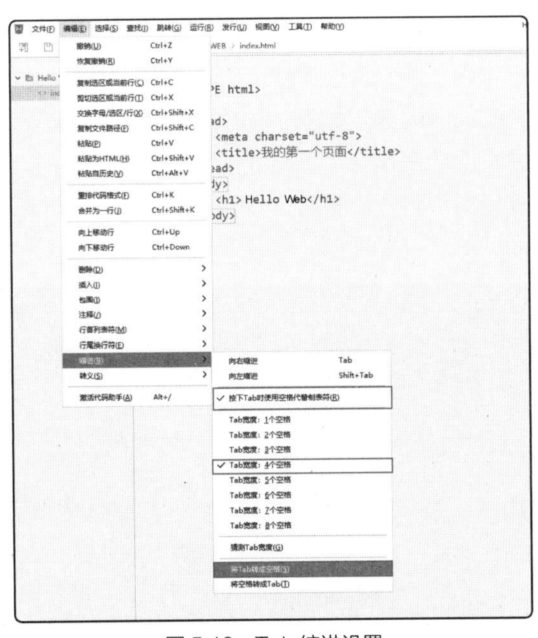

图 5.13　Tab 缩进设置

（5）在 index.html 文件中输入代码，如下所示。

```
<!DOCTYPE html>
<html lang="en">
<head>
        <meta charset="UTF-8">
        <title>Document</title>
        <style>
                *{
                        padding: 0;
                        margin: 0;
                }
                *.hi{
                        width: 100%;
                        height: 100%;
                        background: url（"./resources/images/xingkong.jpg"）no-repeat;
                        background-position: center;
                        background-size: auto;
                        line-height: 100vh;
                        text-align: center;
                        user-select: none;
                        color: #fff;
                }
        </style>
</head>
<body>
        <div class="hi">
                <h1>Hi！ 让我们一起探索 HTML5 的多彩世界吧 </h1>
        </div>
</body>
</html>
```

（6）检查输入内容是否正确，确保无误后按【Ctrl+S】组合键保存文件。

（7）将提供的图片素材 xingkong.jpg 文件放入项目根目录中的 resources/images 文件夹中。

这样就完成了一个简单页面的制作。那怎样才能看到页面效果呢？需要使用浏览器运行以上代码。找到项目创建时所设定的项目保存位置，使用浏览器打开 index.html 文件，即可看到页面的最终效果，如图 5.14 所示。

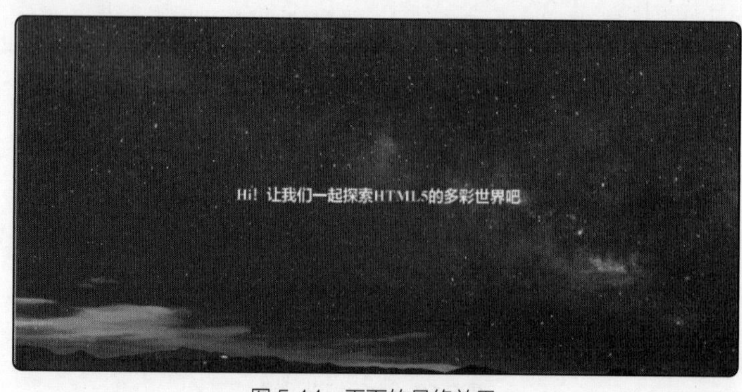

图 5.14　页面的最终效果

通过这种方式我们能看到页面效果，但是操作过于烦琐，有没有更便捷的方式呢？当然是有的，HBuilderX 为我们提供了一个内置浏览器插件，可以直接在代码编辑界面预览页面效果。HBuilderX 标准版默认不包含该插件，需要手动安装。

浏览器插件安装成功后，在代码编辑区域右侧会出现一个预览按钮。单击预览按钮，我们就可以实时预览页面效果，如图 5.15 所示。

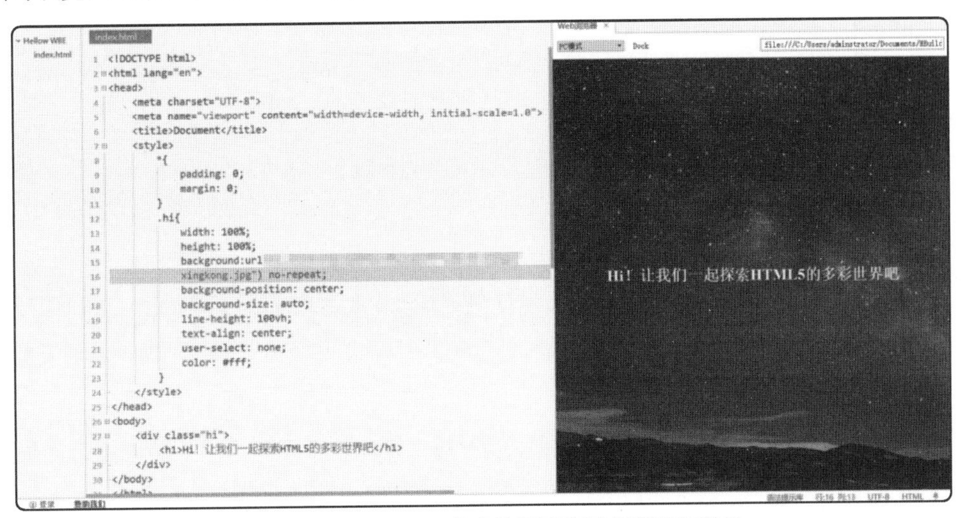

图 5.15　在 HBuilderX 代码编辑界面实时预览页面效果

至此我们就完成了一个测试页面的制作，并快速预览了测试页面效果。以上步骤虽然相对简单，但我们体验了项目搭建与测试的完整流程。

5.3.2　制作页面通用尾部内容

使用基础 HTML 标签制作页面通用尾部内容，效果如图 5.16 所示。

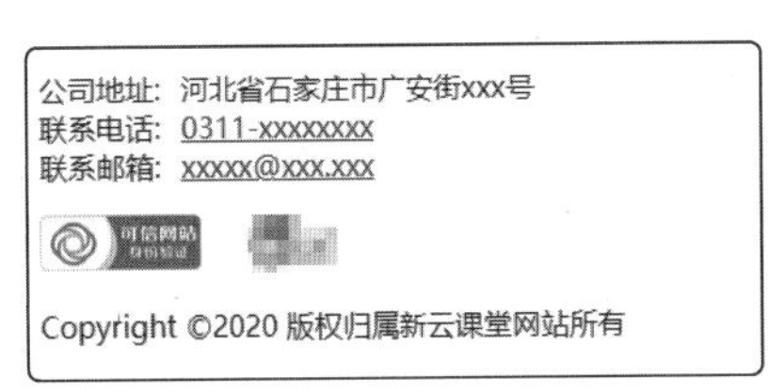

图 5.16　页面通用尾部内容效果

任务要求如下。

（1）使用 <p></p> 标签添加段落，将内容分为 3 段：公司信息、标志、版权说明。

（2）在公司信息段落中使用
 标签换行，使用超链接设置联系电话与联系邮箱。在版权说明段落中，用超链接设置相应信息。

（3）字体、大小和样式使用默认设置。

实践步骤如下。

（1）使用 <footer></footer> 标签包裹页面通用尾部内容。

（2）使用 <p></p> 标签划分段落，并在标签中填写对应的文字文本、<a> 标签链接、图片内容等。

（3）将图片素材放置在当前项目的 images 文件夹下，并设定 <img/> 标签的 src 属性。

（4）使用实体字符完成版权符号的添加。

参考代码如下。

```
<footer>
    <p>
        公司地址：河北省石家庄市广安街 xxx 号 <br/>
        联系电话：<a href="tel://0311-xxxxxxxx"> 0311-xxxxxxxx</a><br/>
        联系邮箱：<a href="mailto://xxxxx@xxx.xxx">xxxxx@xxx.xxx</a><br/>
    </p>
    <p>
        <img src="./images/footer-logo-1.png"width="90"height="30" />
        <img src="./images/footer-logo-2.jpg"width="90"height="30" />
    </p>
    <p>Copyright &copy;2020 版权归属 <a href="#"> 新云课堂网站 </a> 所有 </p>
</footer>
```

5.4 知识拓展——数字媒体关键技术的应用

随着计算机信息技术和网络技术的飞速发展，数字媒体技术作为由以上两者结合而成的综合性技术，备受人们的关注。数字媒体关键技术的应用有以下几个方面。

1. 流媒体技术应用

流媒体技术在互联网媒体传播方面起到了重要的作用。它方便了人们在全球范围内的信息、情感交流，在视频点播、远程教育、视频会议、互联网直播、网上新闻发布、网络广告等方面的应用广泛。

（1）直播领域的应用

随着第五代移动通信（5th Generation Mobile Communication，5G）网络覆盖范围日趋广泛，以及 5G 技术日趋成熟，5G 技术的应用逐渐融入我们生活的方方面面，例如各大视频平台充分挖掘视频领域的人工智能、增强现实 / 虚拟现实、超高清技术等应用，为大众提供人工智能创作、内容分享、视频互动的全新体验。

5G 网络的高数据传输速率、大规模设备连接、少延迟等优点为数字媒体技术提供了广阔的发展空间，如以 5G 网络高速带宽为基础开发的短视频直播平台给大众带来了良好的体验，丰富了大众的休闲生活，成为大众的重要消遣方式。视频编码技术、流媒体传输协议等流媒体技术是搭建直播平台所需的基础技术。直播平台的发展为流媒体技术的应用提供了广阔的空间，也推动了流媒体技术的发展。

（2）探测领域的应用

深海拥有丰富的油气、矿产、生物及空间等资源，是尚未被人类充分开发利用的广阔区域，有着无限的开发潜力。

我国 20 世纪 50 年代就开始布局海洋科考。1957 年，由远洋救生拖轮“生产三号”改装而成的第一艘专业海洋科考船“金星”号正式入列。以“金星”号为主力船，1958—1960 年，我国开展了首次大规模全国海洋综合调查，完成了我国海域资源的探查。

2012 年 6 月，我国首台自主设计、自主集成的“蛟龙”号载人深潜器在太平洋的马里亚纳海沟创造了 7062m 的下潜深度纪录。

2020 年 11 月，我国自主研发的“奋斗者”号载人深潜器在马里亚纳海沟成功坐底，下潜深度为 10909m，刷新了我国深海科考的下潜深度纪录。

在这些海洋探测项目的背后，都有流媒体技术的身影。流媒体技术既可以支持数据的即时反馈，又可以将海洋探测过程的图像按时传送到电视进行直播。

随着我国太空探测、深海探测的深入，探测领域越来越广，项目密度越来越大，流媒体技术的应用越来越频繁。这为流媒体技术应用创造了拓展机遇，也为拥有先进技术、优越平台的流媒体技术提供商提供了大展拳脚的舞台。

2. 计算机动画技术应用

计算机动画技术常应用于建筑、影视等领域。

（1）建筑领域的应用

计算机动画在建筑领域的应用是非常广泛的。

利用三维动画制作技术制作建筑动画，可以展现建筑物的内外部空间及功能，以更直观的方式让受众群体在宣传、交流或销售建筑时产生强烈的兴趣。建筑动画的制作不受天气等因素的限制，而且后期可更改性强，深受建筑企业的喜爱。

（2）影视领域的应用

从二维到三维，随着计算机动画技术的不断进步和动画制作软件的增加，计算机动画技术在影视领域的应用范围也在不断扩大，逐渐成为了一个可观的经济产业。

影视三维动画涉及影视特效创意、前期拍摄、影视动画、特效后期合成、影视剧特效动画等。三维数字影像技术突破了影视拍摄的局限，在视觉效果上弥补了拍摄的不足，在一定程度上降低了成本，同时节省了时间。我国近几年的三维动画电影《哪吒之魔童降世》《西游记之大圣归来》等都取得了广泛好评。

5.5 创新设计——数字媒体创新应用

数字媒体结合多媒体与新兴科技，创新内容表达形式。人工智能技术赋能数字媒体，实现智能化推荐、精准营销以及高效的内容生成等。同时，在虚拟现实、增强现实中融入人工智能，可以为用户带来高度沉浸式体验。

在未来，人工智能与数字媒体技术将会有怎样的联系？结合实际，设想人工智能在数字媒体领域还能有哪些应用？

5.6 小结

本项目引领读者学习了数字媒体技术的相关概念，重点介绍了 HTML5 技术、流媒体技术、计算机动画技术的基础知识；通过实际任务实施，让读者更深刻地感受数字媒体技术的独特魅力；拓展介绍了数字媒体关键技术的应用。读者阅读完本项目后，可以对人工智能与数字媒体结合的应用有系统的认识。

项目6 人工智能与现代通信技术

06

为了进一步提升通信的质量和效果，在现代通信中运用人工智能，是科技发展的必然趋势。基于此，我国各大通信企业开展了人工智能在现代通信及通信网络中具体应用的研究，也联合相关企业共同研发设计了相应产品。但是，由于人工智能的发展与应用时间较短，所以相关研究与产品开发仍处于起步阶段。总体上，当前人工智能在现代通信中得到了逐步的应用，也面临着较多的挑战，需要相关从业人员进一步研究。

知识目标

- 了解现代通信技术的概念。
- 了解现代通信技术的历史。
- 熟悉现代通信主流技术。

技能目标

- 能够简述固定电话、移动电话通信的过程。
- 能够简述现代通信关键技术。
- 能够运用本项目所学内容进行创新设计。

素养目标

- 增强民族自信心和民族自豪感。
- 培养精益求精的工作态度。

6.1 任务引入

6.1 人工智能与现代通信技术

现代通信技术飞速发展，并且已经融入我们的日常生活，例如，只要轻按鼠标，几秒之内好友就会收到我们发出的电子邮件。

什么是现代通信技术呢？现代通信技术又包含了哪些内容呢？现代通信技术是如何实现的呢？它会给我们的生活带来怎样的改变呢？接下来我们将通过相关知识全面系统地认识现代通信技术相关概念和现代通信主流技术，通过任务实施了解现代通信技术的实现过程，通过知识拓展学习现代通信关键技术，通过创新设计体会 6G 技术的魅力。

6.2 相关知识

6.2.1 什么是现代通信技术

通信一般是指人们在日常生活中相互之间传递信息的过程，通信也指信息在人与机器、机器与机器之间进行传递与交换的过程。

现代通信需要依靠信息传输技术来完成通信过程。信息传输技术主要包括光纤通信、数字微波通信、卫星通信、移动通信及图像通信等。

现代通信通过传输数据完成信息交换。数据是具有某种含义的数字信号的组合（如字母、数字和符号等），传输时，这些字母、数字和符号将会利用离散的数字信号逐一表示出来。数据通信就是把这样的数字信号通过数据传输信道进行传输，到达接收地点后再正确地恢复原始发送的数据的一种通信方式。其主要特点是：人与机或机与机通信，计算机直接参与通信；对传输的准确性和可靠性要求高；数据传输速率高；通信持续时间差异大等。而数据通信网是由分布在各地的数据终端设备、数据交换设备和数据传输链路构成的网络，在通信协议的支持下完成数据终端设备之间的数据传输与数据交换。

现代通信技术包含近距离无线通信技术、有线通信技术、远距离无线通信技术、互联网技术等。利用近距离无线通信技术、有线通信技术组成局域网，实现感知数据的汇聚，利用互联网技术实现感知数据的共享，利用远距离无线通信技术弥补有线通信技术无法涉及的区域。

现代通信技术采用新的技术来不断优化通信的多种方式，让人与人的沟通变得更便捷、有效。这是一门系统的学科，5G 技术就是其中的重要课题。第六代移动通信（6th Generation Mobile Communication，6G）技术也已经成为通信业和学术界近年来探讨的热点。

随着移动互联网的发展，越来越多的设备接入移动网络中，新的服务和应用层出不穷，移动通信网络的容量需要在当前的网络容量基础上增长很多倍。移动数据流量的暴涨将给网络带来严峻的挑战。首先，如果按照当前移动通信网络发展，网络容量难以支持千倍流量的增长，网络能耗和比特成本难以承受。其次，流量增长必然带来对频谱的进一步需求，而移动通信频谱稀缺，可用频谱呈大跨度、碎片化分布，难以实现频谱的高效使用。此外，要增大网络容量，必须智能高效地利用网络资源，例如针对业务和用户的个性进行智能优化，但目前这方面的能力不足。最后，未来网络必然是多网并存的异构移动网络，要增大网络容量，必须解决高效管理各个网络、简化互操作、提升用户体验的问题。为了解决上述问题，满足日益增长的移动流量需求，需要发展新一代移动通信网络。

5G 网络虽然在带宽、速度和联结方式上实现了根本突破，联结了人与人、人与物、物与物之间海量的信息，但是也有一定的局限性，如 5G 网络的带宽有限，网络信号传输全部依靠地面基站，而现实生活中，有一些地方，如海洋、天空等无法建设基站，使网络无法在这些地方覆盖，会给人们的生活体验与科学研究带来不利的影响。

因此，未来 6G 技术需要实现通信频率范围更宽，信号的时延更短，信号精准传输且稳定。6G 技术需要将地面与卫星连接起来，共同构建海陆空一体化通信网络。6G 技术需要功耗更低的传感器件或设备，以防止物联网感知其他事物的数据时难以及时供电，导致重要信息的丢失。

6.2.2 现代通信技术的历史与发展方向

通信技术是信息技术中极重要的组成部分。从广义说，各种信息的传递均可称为通信。但由于现代信息的内容极为广泛，因此并不把所有信息传递都纳入通信的范围，通常只把语音、文字、数字、图像等信息的传递和传播称为通信，而面向公众的单向传播，如报纸、广播、电视便不包括在内，但这种单向传播方式也随通信技术的发展而发生变化。

现代通信技术的发展分为 3 个阶段。第一阶段是电通信阶段。1837 年，莫尔斯发明电报机，并设计莫尔斯电码。1876 年，贝尔发明电话机。这样，利用电磁波不仅可以传输文字，还可以传输语音，由此大大加快了通信的发展进程。第二阶段是无线电通信阶段。1895 年，马可尼发明无线电设备，从而开创了无线电通信发展的道路。第三阶段是电子信息通信阶段。从总体上看，通信技术实际上就是通信系统和通信网的技术。通信系统是指点对点通信所需的全部设施，而通信网是由许多通信系统组成的多点之间能相互通信的全部设施。现代通信技术主要有数字通信技术、程控交换技术、信息传输技术、通信网络技术、数据通信与数据网、综合业务数字网（Integrated Service Digital Network，ISDN）与异步转移模式（Asynchronous Transfer Mode，ATM）技术、宽带 IP 技术和接入网与接入技术。

现代通信技术的发展方向是以光纤通信为主体，以卫星通信、无线电通信为辅助的宽带化、综合化（数字化）、个人化、智能化的通信网络技术。

1. 宽带化

宽带化是指通信系统能传输的信号频率范围越宽越好，即每单位时间内传输的信号越多越好。由于通信干线正在或已经向数字化转变，宽带化实际是指通信线路能够传输的数字信号的比特率越高越好。一个二进制位即“0”或“1”信号，称为 1 比特。数字通信中用比特率表示传输二进制数字信号的速率。而要传输极宽频带的信号，通常用光纤进行传输。1966 年，高锟博士建议将带色层的玻璃丝（光纤）用作通信传输线，这一建议很快得以实现。

光纤传输信号的优点是：传输频带宽，通信容量大，传输损耗小，无中继距离长，抗电磁干扰性能好，保密性好，无串音干扰，体积小，重量轻。光纤通信技术发展的总趋势是不断提高传输速率和加长无中继距离，从点对点的光纤通信发展到光纤网，采用新设备和新技术，其中最重要的是光纤放大器和光电集成及光集成。

2. 综合化

综合化就是通信系统把各种业务和各种网络综合起来。业务种类繁多，有视频、语音和数据业务。把这些业务综合化，在设备上便于通信设备集成化和大规模生产，在技术上便于用微处理器进行处理及用软件进行控制和管理。

3. 个人化

个人化即通信系统可以实现“每个人在任何时间和任何地点与任何其他人通信”。每个人将有一个识别号，而不是每一个终端设备（如现在的电话、传真机等）有一个号码。现在的通信，如拨电话、发传真，只是拨向某一设备（电话、传真机等），而不是拨向某人。如果被呼叫的人外出或到远方去，则可能不能与该人通话。未来的通信只需拨该人的识别号，不论该人在何处，均可拨至该人并与之通信(使用哪一个终端取决于他所持有的或暂时使用的设备)。要实现个人化，需有相应终端和高智能化的网络，这些尚处在初级研究阶段。

4. 智能化

智能化就是通信系统要建立先进的智能网。一般说来，智能网是能够灵活方便地开设和提供新业务的网络。智能网是隐藏在现存通信网里的网。智能化只是在已有的通信网中增加一些功能单元，并不是脱离现有的通信网而另建一个独立的智能网。

在没有智能网时，如果用户需要增加新的业务或改变业务种类，必须告诉电信运营商，电信运营商一般需要改造一些通信设备，费钱费时，用户难以接受。有了智能网，这些都很容易办到，只要在系统中增加一个或几个模块即可，所花费的时间可能只有几分钟。当网络提供的某种服务因故障中断时，智能网可以自动诊断故障和恢复原来的服务。

上述 4 个发展方向是互相联系的，没有综合化，宽带化、智能化和个人化都难以实现；没有宽带化、综合化的宽带综合业务数字网，也很难实现智能化和个人化。

现代通信与传统通信重要的区别是在现代通信中，通信技术与计算机技术是紧密结合的。要实现宽带化、综合化、个人化和智能化，必须开发许多领域的技术及工具，如微电子技术、新的电子器件、高性能的微处理机、新传输媒体（如光纤、更高波段的电磁波）、新交换技术等。从通信技术的发展看，大约从 20 世纪 70 年代开始，通信即进入了现代通信的新时代。目前，各项通信技术都在不断发展。

6.2.3 现代通信技术相关概念

现代通信技术的相关概念如下。

（1）通信网。通信网是由一定数量的节点（包括终端设备和交换设备）和连接节点的传输链路相互有机地组合在一起，以实现两个和多个规定点间信息传输的通信体系。

（2）数据通信。利用电信号和光信号的形式把数据从一端传送到另外一端的过程称作数据传输。数据通信是指按照一定的规程和协议完成数据的传输、交换、存储和处理的整个通信过程。

（3）综合业务数字网。综合业务数字网是以电话为基础发展演变而成的通信网，能够提供端到端的数字连接，提供包括语音在内的各种电信业务，用户能够通过一组有限的、标准的多用途用户 - 网络接口接入网内，并按统一的规程进行通信。

（4）交换网络。交换的基本功能是在任意的入线和出线之间建立连接，或者说是将入线上的信息分发到出线上。当然，按照不同交换方式的要求，建立的连接可以是物理连接，也可以是虚拟连接。在交换系统中完成这一基本功能的部件就是交换网络，也称为交换机构。

（5）数字通信技术。数字通信即传输数字信号的通信，是指信源发出的模拟信号经过数字终端的信源编码变换成数字信号，终端发出的数字信号经过信道编码变换成适用于信道传输的数字信号，然后由调制解调器把信号调制到系统所使用的数字信道上，经过解调和解码最终传送到信宿。按照信息传送的方向和时间，数字通信有单工方式、半双工方式和全双工方式 3 种。

（6）程控交换技术。程控交换技术是指人们用专门的计算机根据需要把预先编好的程序存入计算机后完成通信中的各种交换。以程控交换技术发展起来的数字交换机是由程序控制，由时分复用网络进行物理上电路交换的一种电话接续交换设备。它处理速度快，体积小，容量大，灵活性强，服务功能多，便于改变交换机功能、建设智能网，向用户提供更多、更方便的电话服务，还能实现传真、数据通信、图像通信等。

（7）信息传输技术。信息传输技术是指一台计算机向远程的另一台计算机或传真机发送传真、一台计算机接收远程计算机或传真机发送的传真，以及两台计算机之间实现文件传输等，即电子数据交换（Electronic Data Interchange，EDI）技术。

（8）蓝牙技术。蓝牙是一种工作于 2.4GHz 频段，传输距离在 10m 以内的无线通信方式。在目前所有的通信技术中，蓝牙技术是起步较晚的通信技术。目前手机、笔记本电脑、无线耳机及其他很多外设都有蓝牙功能。蓝牙技术的推广大大简化了终端设备之间的信息互通。蓝牙技术不仅能实现无线设备与因特网之间的信息互通，还有一个巨大的优点——用户在使用蓝牙技术进行信息交换的过程中不需要为此支付费用。此外，蓝牙技术并不需要固定的基础设施，安装起来更加容易，设备适用性更强。

（9）信源。在通信中，信源是发信息端，将各类消息转换成信号。

（10）信宿。在通信中，信宿是收信息端，将接收到的信号还原成消息。

（11）信道。信道是由信源选择的、传送信息的媒介物。信道是信息传输通路，不完全等同于传输介质。

（12）调制器。将信源产生的信号变换成适合在信道传输的信号的装置。

（13）解调器。将信号还原成信宿能接收的信号的装置。

（14）噪声。在通信中，噪声是指混杂在有用信号中对其造成不良影响的各种干扰信号或在数据中混入的各种无用信息。噪声不是通信模型中的一部分，但通信模型中传输的信号会被噪声干扰，从而产生误码。噪声分为自然噪声和人为噪声。

6.2.4 现代通信主流技术

现代通信技术概览如图 6.1 所示。下面分别对近距离无线通信技术、远距离无线通信技术和有线通信技术等主流技术进行介绍。

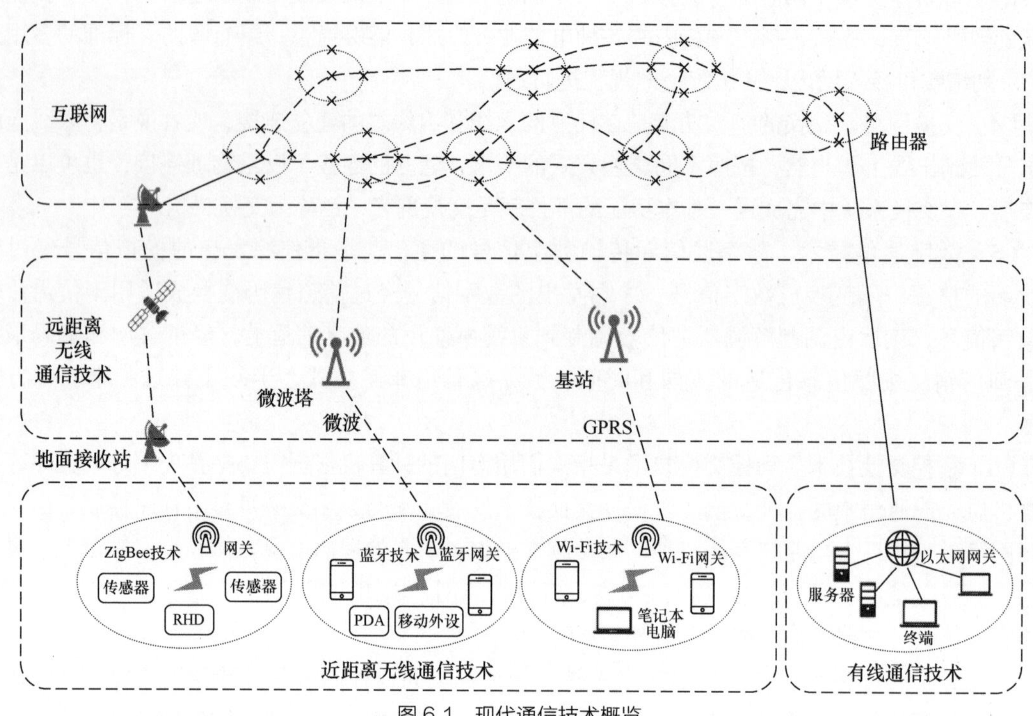

图 6.1 现代通信技术概览

1. 近距离无线通信技术

近距离无线通信技术是实现无线局域网、无线个人局域网中节点、设备组网的常用通信技术，用于将传感器、手机等移动感知设备的感知数据进行汇聚，并通过网关传输到上层网络中。近距离无线通信技术通常有 Wi-Fi 技术、蓝牙技术、ZigBee 技术。

（1）Wi-Fi 技术。Wi-Fi 技术是一种将台式计算机、笔记本电脑、移动手持设备（如手机）等终端以无线方式互相连接的近距离无线通信技术，由 Wi-Fi 联盟（Wi-Fi Alliance）于 1999 年发布。Wi-Fi 联盟最初为无线以太网兼容性联盟（Wireless Ethernet Compatibility Alliance，WECA）。Wi-Fi 技术又称无线相容性认证技术。

（2）蓝牙技术。利用蓝牙技术，能够有效地简化移动通信终端设备之间的通信，也能够成功地简化设备与互联网之间的通信，从而使数据传输变得更加迅速、高效。

（3）ZigBee 技术。ZigBee 是一组面向低功耗数字无线电的高级通信协议规范。ZigBee 技术是新兴的可以实现短距离内双向无线通信的技术，以其复杂程度低、能耗低、成本低取胜于其他近距离无线通信技术。它因模拟蜜蜂的通信方式而得名，过去又称“HomeRFLite”“RF-Easylink”或“FireFly”，目前统称为 Zigbee。ZigBee 技术是一种介于无线标记技术和蓝牙技术之间的技术，主要应用于近距离、传输速度要求不高的电子通信设备之间的数据传输和典型的有周期性、间歇性反应时间的数据传输。ZigBee 处理器如图 6.2 所示，ZigBee 节点如图 6.3 所示。ZigBee 技术广泛应用于家庭居住控制、商业建筑自动化和工厂车间管理等领域。

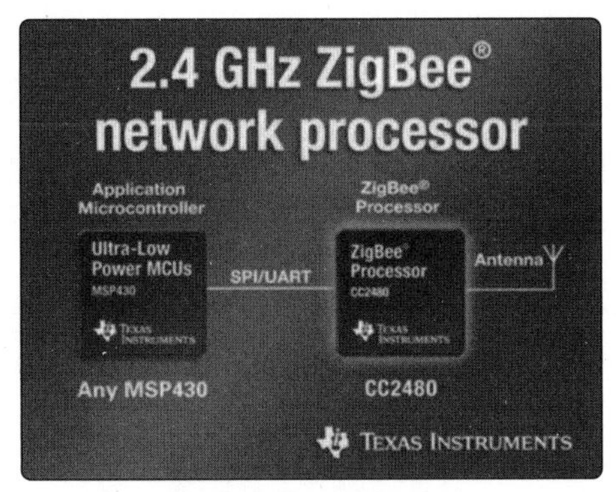

图 6.2　ZigBee 处理器

图 6.3　ZigBee 节点

2. 远距离无线通信技术

远距离无线通信技术常被用在偏远山区、岛屿等有线通信设施（如光缆等）因地域、自然条件、费用等因素可能无法铺设的区域，以及船、火车等需要数据通信却又实时移动的物体。与互联网技术相结合，远距离无线通信技术是网络骨干通信技术的补充。常规远距离无线通信技术有地面微波通信技术和移动通信技术。

（1）地面微波通信技术。微波是无线电波中波长在 1mm ～ 1m（不含 1m）的电磁波，是分米波、厘米波、毫米波和亚毫米波的统称。微波频率比一般的无线电波频率高，为 300MHz ～ 300GHz，通常也称为超高频电磁波。微波通信方式有地面微波中继通信和卫星通信两种，如图 6.4、图 6.5 所示。地面微波通信技术是以地面微波中继通信的方式来进行通信的技术。

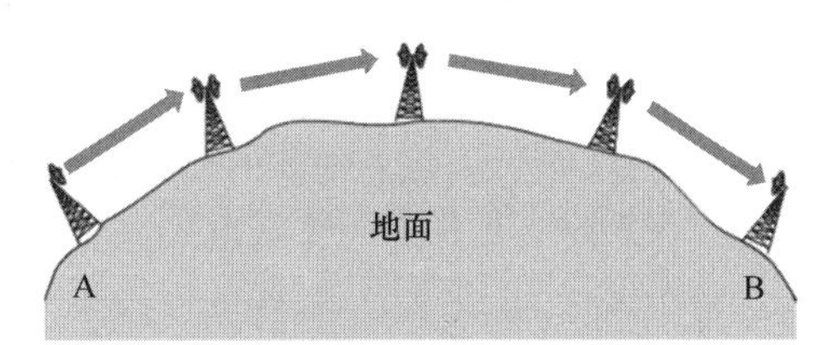

图 6.4　地面微波中继通信

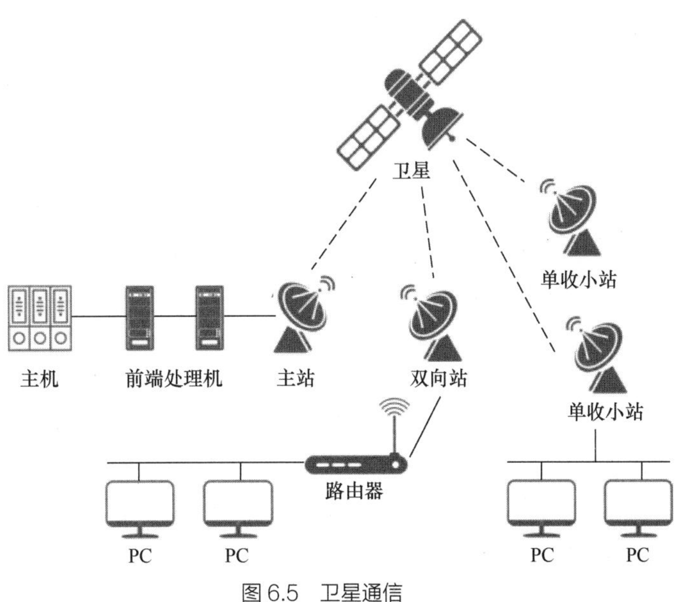

图 6.5　卫星通信

卫星通信技术是指利用人造地球卫星作为中继站转发无线电信号，在两个或多个地面站之间进行通信的方式。卫星通信属于宇宙无线电通信的一种形式，工作频段在微波频段。卫星通信是在地面微波中继通信和空间技术的基础上发展起来的。通信卫星的作用相当于离地面很高的微波中继站。由于作为中继站的卫星离地面很高，因此经过一次中继转接之后即可进行远距离的通信。

（2）移动通信技术。移动通信是指通信双方或至少一方在运动中实现信息传输的过程或方式，如移动体（车辆、船舶、飞机、人等）与固定点之间或移动体之间的通信等。移动通信可以应用在任何条件之下，在有线通信不可及的情况（如无法架线、埋电缆等）下更能显示出其优越性。

3. 有线通信技术

有线通信技术是局域网（Local Area Network，LAN）、城域网（Metropolitan Area Network，MAN）、广域网（Wide Area Network，WAN）的常用组网技术。这里介绍典型的双绞线和光纤，并以此为基础详述以太网的概念。

（1）双绞线。双绞线（Twisted Pair，TP）是一种综合布线工程中常用的传输介质，是由两根具有绝缘保护层的铜导线组成的，如图 6.6 所示。把两根绝缘的铜导线按一定密度互相绞在一起，每一根导线在传输过程中辐射出来的电波会被另一根线上发出的电波抵消，可以有效降低信号干扰的程度。双绞线常见的有 3 类线、5 类线、超 5 类线和 6 类线。

使用计算机上网必须具备的两个条件如下。

① 硬件连接：网卡和网线。要使用计算机上网的话，需要一些额外的硬件。例如在学校办公室上网的话，就需要网卡（如以太网卡）和网线（如双绞线）。网线不能直接和网卡相连，必须加一个连接头。网络双绞线的连接头采用 RJ45 接口，俗称“水晶头”，如图 6.7 所示。其外观和电话线的连接头类似，但是比电话线的接头大一点，接口类型也不同。

图 6.6　双绞线

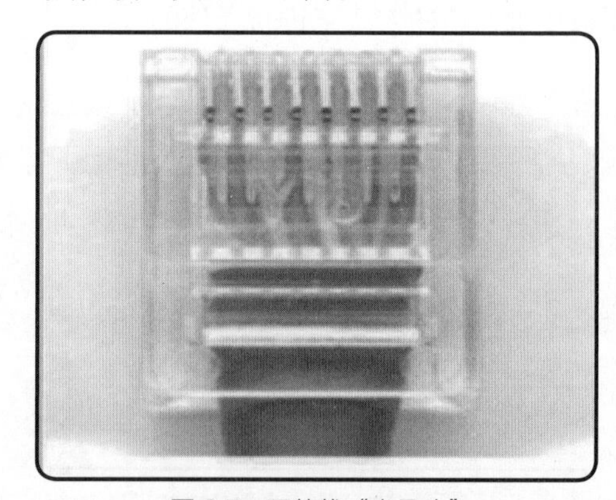

图 6.7　双绞线“水晶头”

② 逻辑连接：协议。协议就如同人的语言。人和人之间要交流的话，就要说双方都明白的语言。计算机之间要互相明白的话，也就需要“说”双方计算机都能明白的语言——协议。如同人类的语言有很多，计算机的协议的种类也有很多，我们的计算机应该选择何种协议呢？目前常用的网络协议是 TCP/IP。如何知道计算机是否装好了这个协议呢？比如在 Windows 10 操作系统中，可以在任务栏搜索框中搜索“控制面板”，在打开的“控制面板”窗口中单击“查看网络状态和任务”超链接，在打开的“网络和共享中心”窗口中单击“以太网”超链接，在打开的“以太网状态”

对话框中单击“属性”按钮，打开“以太网属性”对话框，从中查看网络协议。

（2）光纤。光纤（Optical Fiber）是光导纤维的简称。它是一种利用光在玻璃或塑料制成的纤维中的全反射原理而制成的光传导工具。光纤的结构如图 6.8 所示。微细的光纤封装在塑料护套中，使它能够弯曲而不至于断裂。

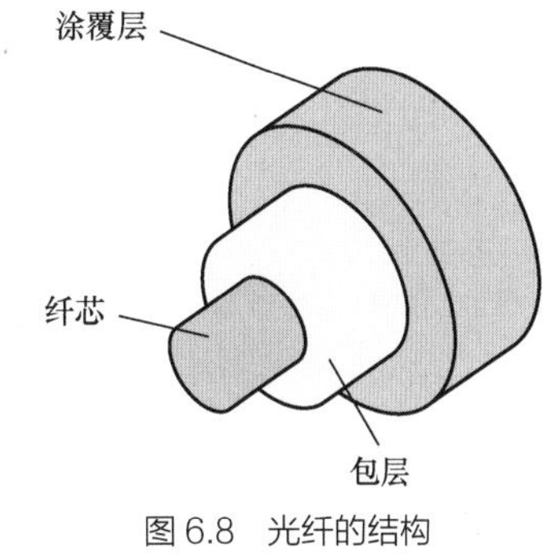

图 6.8 光纤的结构

光纤按光在其中的传输模式可分为多模光纤（Multi-mode Optical Fiber）和单模光纤（Single-mode Optical Fiber），如图 6.9 所示。

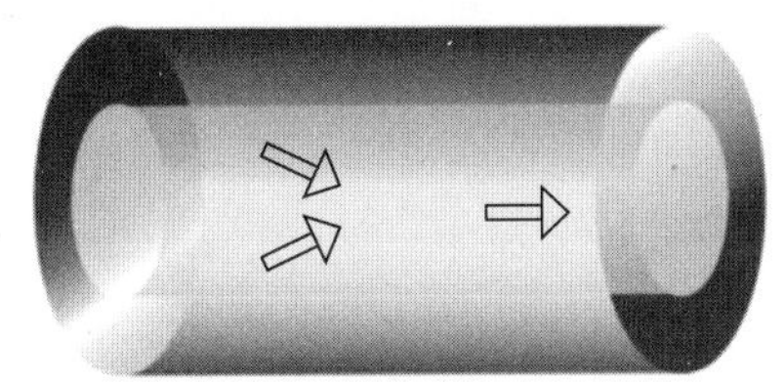

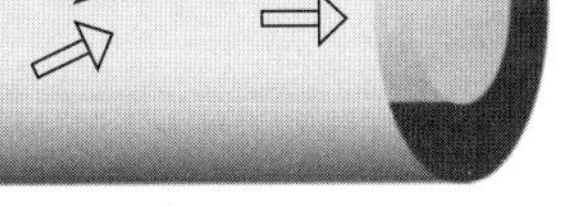

（a）多模光纤

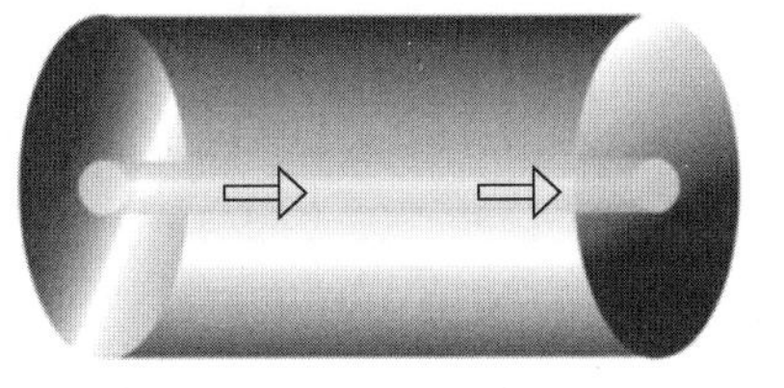

（b）单模光纤

图 6.9 多模光纤和单模光纤

① 多模光纤。多模光纤的纤芯较粗（芯径一般为 50μm 或 62.5μm），可传多种模式的光。但其模间色散严重，这就限制了传输数字信号的频率，而且随距离的增加这种情况会更加严重。因此，多模光纤的传输距离比较近，一般只有几千米。

② 单模光纤。单模光纤的纤芯很细（芯径一般为 9μm 或 10μm），只能传一种模式的光。因此，其模间色散轻微，适用于远程通信，但其还存在着材料色散和波导色散，因此单模光纤对光源的谱宽和稳定性有较高的要求，即谱宽要窄，稳定性要好。后来有研究发现在 1.31μm 波长处，单模光纤的材料色散和波导色散一为正、一为负，大小也正好相等，这就是说在 1.31μm 波长处，单模光纤的总色散为 0。从光纤的损耗特性来看，1.31μm 正好是光纤的一个低损耗工作波长。这样，1.31μm 波长就成了光纤通信的一个很理想的工作波段，也是现在光纤通信系统的主要工作波段。

光纤的工作波长有短波长（0.85μm）、长波长（1.31μm 和 1.55μm）。光纤损耗随波长变化的趋势为：波长为 0.85μm，损耗为 2.5dB/km；波长为 1.31μm，损耗为 0.35dB/km；波长为 1.55μm，损耗为 0.2dB/km，这是光纤的最低损耗;波长为 1.65μm 以上，损耗趋向加大。20 世纪 80 年代起，光纤通信技术中倾向于采用单模光纤，而且优先采用 1.31μm 长波长作为工作波长。

光纤按纤芯折射率分布可分为跃变式光纤和渐变式光纤。光束在不同折射率分布的光纤中传输的过程如图 6.10 所示。

（3）以太网。以太网（Ethernet）指的是由 Xerox 公司创建并由 Xerox 公司、Intel 公司和 DEC 公司联合开发的基带局域网规范，是当今现有局域网采用的最通用的通信协议标准之一。以太网使用带冲突检测的载波监听多路访问（Carrier Sense Multiple Access with Collision Detection，CSMA/CD）技术，包括标准以太网、快速以太网、吉比特以太网和万兆以太网，符合 IEEE 802.3 标准。

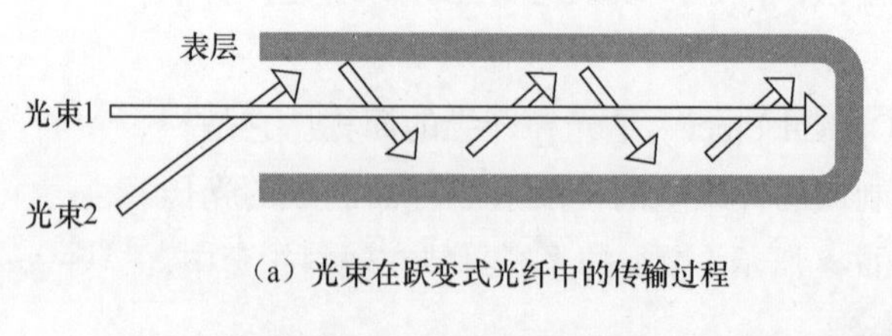

（a）光束在跃变式光纤中的传输过程

（b）光束在渐变式光纤中的传输过程

图 6.10　光束在不同折射率分布的光纤中传输的过程

① 标准以太网。早期，以太网只有 10Mbit/s 的数据传输速率，使用的是 CSMA/CD 的访问控制方法，这种 10Mbit/s 以太网称为标准以太网。标准以太网可以使用粗同轴电缆、细同轴电缆、非屏蔽双绞线、屏蔽双绞线和光纤等多种传输介质进行连接。并且 IEEE 802.3 标准为不同的传输介质制订了不同的物理层标准。这些标准以“10Base-5”的形式描述，前面的数字表示传输速率，单位是 Mbit/s；中间的 Base 表示“基带”；最后的数字表示单段网线长度，单位是 100m。10Base-5 以太网以直径为 10mm、阻抗为 500Ω 的粗同轴电缆为传输介质，最大网段长度为 500m，也称粗缆以太网。

② 快速以太网。随着网络的发展，标准以太网已难以满足日益增长的网络数据流量速度需求。在 1993 年 10 月以前，对于要求 10Mbit/s 以上数据传输速率的 LAN 应用，只有光纤分布式数据接口（Fiber Distributed Data Interface，FDDI）可供选择，但它是一种价格非常昂贵的、基于 100Mbit/s 光缆的 LAN。1993 年 10 月，Grand Junction 公司推出了世界上第一台快速以太网集线器 Fastch10/100 和网络接口卡 FastNIC100，快速以太网技术正式得以应用。

快速以太网具有许多优点，主要体现在它可以有效地保障用户在布线基础设施上的投资，它支持 3 类、4 类、5 类双绞线及光纤的连接，能有效地利用现有的设施。快速以太网的不足其实也是以太网技术的不足，快速以太网仍是基于 CSMA/CD 技术的，当网络负载较重时，传输效率会降低，当然这可以使用交换技术来弥补。100Mbit/s 快速以太网标准又分为：100Base-TX、100Base-FX、100Base-T4 这 3 个子类。100Base-T4 是一种可使用 3 类、4 类、5 类无屏蔽双绞线或屏蔽双绞线的快速以太网技术。100Base-T4 使用 4 对双绞线，其中的 3 对用于在 33MHz 的频率上传输数据，每一对均工作于半双工模式下，第 4 对用于冲突检测。它在传输中使用 8B/6T 编码方式，信号频率为 25MHz，符合 EIA/TIA 586 结构化布线标准。它使用与 10Base-T 相同的 RJ45 连接器，最大网段长度为 100m。

③ 吉比特以太网。吉比特以太网作为新的高速以太网，给用户带来了提高核心网络传输速率的有效解决方案。这种解决方案继承了传统以太网技术价格便宜的优点。吉比特以太网仍然是以太网，它采用了与快速以太网相同的帧格式、帧结构、网络协议、全 / 半双工工作方式、流控模式以及布线系统。由于吉比特以太网不改变传统以太网的桌面应用、操作系统，因此可与标准以太网或快速以太网很好地配合工作。升级到吉比特以太网不必改变网络应用程序、网管部件和网络操作系统，能够最大程度地保护投资。

④ 万兆以太网。万兆以太网规范包含在IEEE 802.3标准的补充标准IEEE 802.3ae中，它扩展了IEEE 802.3标准和介质访问控制（Medium Access Control，MAC）规范，支持10Gbit/s的传输速率。万兆以太网也能被调整到较低的传输速率，如9.58464Gbit/s（OC-192），这就允许万兆以太网设备与同步光纤网（Synchronous Optical Network，SONET）STS-192c传输格式相兼容。

6.3 任务实施——现代通信技术实现与应用典型案例

通信技术的发展速度之快是惊人的。从传统的电话、电报、收音机、电视到如今的移动电话、传真机、卫星，这些现代通信工具使数据和信息的传递效率得到很大的提高，从而使过去必须由专业的电信部门来完成的工作，可由行政、业务部门办公室的工作人员直接、方便地完成。

下面介绍固定电话、移动电话通信的过程。

6.3.1 体验固定电话通信过程

固定电话通信是一种基本的通信方式，其他通信方式都是以此为基础发展而来的。

1. 电话通信网的基本组成设备

电话通信网的基本组成设备包括终端设备、传输设备、交换设备，如图6.11所示。

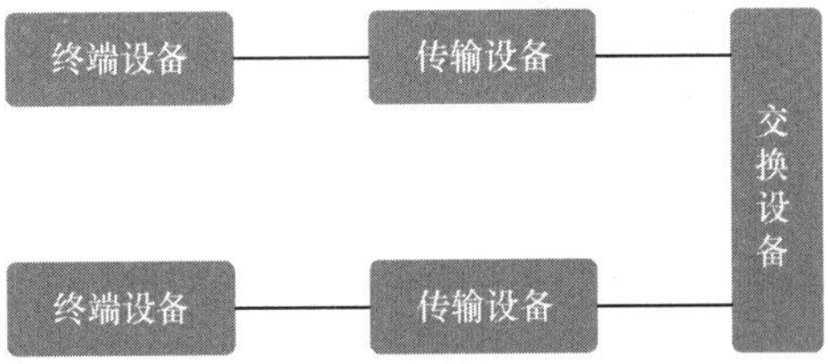

（1）终端设备：实现声电转换和信令功能，将人的语音信号转换为交变的语音电流信号，并实现简单的信令功能。

（2）传输设备：连接。

（3）交换设备：交换。

终端设备 — 传输设备 — 交换设备
终端设备 — 传输设备 — 交换设备

图6.11　电话通信网的基本组成

2. 分析固定电话通信过程

下面以一次“打电话”来简要说明固定电话通信过程。

（1）主叫A摘机。

（2）听拨号音。

（3）拨被叫B的号码，如被叫B空闲，则主叫A听回铃音，被叫B话机响铃。

（4）被叫B摘机后，双方开始通话。

（5）当其中一方挂机时，另一方听忙音，提示本次通话结束，挂机恢复空闲，以备下次通话。

有条件的读者可以在智能平台仿真模拟上述步骤的实现过程。

6.3.2 体验移动电话通信过程

移动通信网络是目前我国的第一大网络，拥有用户数超过 7 亿。移动电话即手机已经成为人们日常生活中不可或缺的工具。本小节主要介绍移动通信在整个通话过程中所使用的设备及数据传输过程。

1. 移动通信中的设备

移动通信中的设备主要有以下几种。

（1）用户所使用的手机。

（2）与用户手机联系的基站收发信机（Base Station Transceiver，BST）。它是移动通信过程中与用户手机联系的直接设备，其主要功能是提供与手机之间的无线传输数据和信令。

（3）控制 BST 的基站控制器（Base Station Controller，BSC）。其主要功能是控制 BST，完成数据的发送、接收以及无线资源的管理。

（4）移动交换中心（Mobile Switching Center，MSC）。它是移动通信过程中的核心设备。其主要功能是电路交换，呼叫建立，路由选择，控制、终止呼叫，交换区内切换，业务提供，费用信息记录，提供信令及网络接口。

（5）汇接移动交换中心（Tandem MSC，TMSC）。它负责汇接和转接移动本地网的端局间的业务，可以独立设置，也可以综合设置在 MSC 设备中。

（6）被访移动交换中心（Visited MSC，VMSC）。它是被叫用户端的 MSC。VMSC 与 MSC 的设备及功能完全相同。

2. 分析移动电话通信过程

移动电话通信过程如下。

（1）用户在手机上拨号，拨号完毕后按发送键。

（2）手机自动将被叫用户的号码，以及其他两组号码——用于鉴别用户身份的合法性的国际移动用户标志（International Mobile Subscriber Identity，IMSI）和用于鉴别用户手机的合法性的国际移动设备标志（International Mobile Equipment Identity，IMEI）共 3 组号码发给 BST。

（3）BST 将收到的 3 组号码发给 BSC，BSC 收到后再转发给主叫用户所在地区的 MSC。

（4）MSC 在收到 3 组号码后，分析 IMSI 来判断用户身份的合法性，如果用户是合法用户，则继续分析 IMEI 来判断用户手机的合法性，如果用户手机是合法手机，则分析主叫用户所拨叫的号码，即被叫用户号码。

（5）MSC 通过分析被叫用户号码，判断出被叫用户所在的大致区域。然后 MSC 将被叫用户号码传输给 TMSC，进行数据汇接。

（6）TMSC 将号码发给被叫用户所在地区的 MSC，即 VMSC。

（7）VMSC 通过收到的号码分析被叫用户的合法性，如果被叫用户是合法用户则判断被叫用户的目前状态。

（8）如果被叫用户处于忙状态或者手机关机状态，则 VMSC 向主叫用户发送相应提示信息。

（9）如果被叫用户处于空闲状态，VMSC 根据被叫用户目前所在位置，在当前位置的所有基站发出呼叫，同时向主叫用户发送回铃音。

（10）被叫用户接通电话后，双方电路接通开始通话。通话结束后一方挂机，整个移动电话通信过程结束。

移动电话通信过程如图 6.12 所示。有条件的读者可以借助相关平台仿真模拟上述步骤。

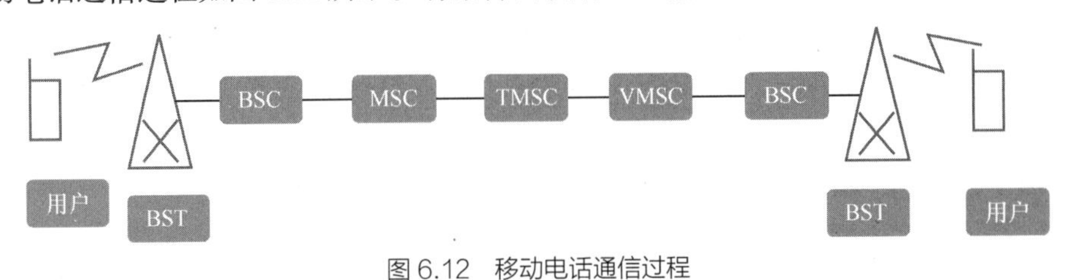

图 6.12 移动电话通信过程

6.4 知识拓展——现代通信关键技术之 5G 技术

根据第三代合作伙伴计划（3rd Generation Partnership Project，3GPP），5G 的大规模测试和部署最早于 2019 年开始。作为全球通信标准，5G 的意义当然不局限于使网速更快、移动宽带体验更优，它的使命在于连接新行业，催生新服务，比如推进工业自动化、大规模物联网、智能家居、自动驾驶等。这些行业和服务都对网络提出更高的要求，要求网络更可靠、低时延、广覆盖、更安全。各行各业迥异的需求迫切呼唤一种灵活、高效、可扩展的全新网络，5G 网络应运而生。

6.4.1 5G NR 技术

5G 网络以 5G NR（New Radio，新空口）统一空中接口（Unified Air Interface）为基础，为满足未来十年及以后不断扩展的全球连接需求而设计。5G NR 技术旨在支持各种设备、服务和部署，并将充分利用多种可用频段和多类频谱。显然，5G NR 的设计是一项大工程，搭建 5G NR 不可能也不必从零开始。事实上，5G 将在很大程度上以 4G 长期演进技术（Long Term Evolution，LTE）为基础，充分利用和创新现有的先进技术。科学家认为，要实现 5G NR 的搭建，以下 3 类关键技术不可或缺。

（1）基于正交频分复用优化的波形和多址接入

5G NR 设计过程中最重要的一项决定，就是采用基于正交频分复用（Orthogonal Frequency Division Multiplexing，OFDM）优化的波形和多址接入技术，OFDM 技术被当今的 4G LTE 和 Wi-Fi 系统广泛采用，其可扩展至大带宽应用，具有高频谱效率和较低的数据复杂性，因此也能够很好地满足 5G 要求。OFDM 技术家族可实现多种增强功能，例如通过滤波增强频率本地化、在不同用户与服务间提高多路传输效率，以及创建 OFDM 波形，实现高能效上行链路传输。

（2）灵活的框架设计

要实现 5G 的大范围服务，仅有基于 OFDM 优化的波形和多址接入技术是远远不够的。设计 5G NR 的同时，设计者还在设计一种灵活的 5G 网络架构，以进一步提高 5G 服务多路传输的效率。这种灵活性既体现在频域上，也体现在时域上，5G NR 的框架能充分满足 5G 的不同服务和应用场景的需求。相比当前的 4G LTE 网络，5G NR 将使时延降低一个数量级。目前在 LTE 网络中，传输时间间隔（Transmission Time Interval，TTI）固定在 1ms。为此，3GPP 在 4G 演进的过程中提出一个降低时延的项目。虽然技术细节还不得而知，但这一项目的规划目标就是要将一次傅里叶变换的时延降低为目前的 1/8（即从 1.14ms 降低至 143μs）。而为了支持长时延需求的服务，5G NR 的灵活框架设计可以向上或向下扩展（使用更长或更短的）TTI，依具体需求而变。

（3）先进的新型无线技术

多输入多输出（Multiple-Input Multiple-Output，MIMO）技术是目前无线通信领域的一个重要创新研究项目，通过智能使用多根天线（设备端或基站端），发射或接收更多的信号空间流，能显著提高信道容量；而通过智能波束成型，将射频的能量集中在一个方向上，可以扩大信号的覆盖范围。这两项优势足以使其成为 5G NR 的核心技术之一，因此研发者一直在努力推进 MIMO 技术的演化，比如从 2×2 MIMO 提升到了目前 4×4 MIMO。但更多的天线也意味着占用更多的空间，要在空间有限的设备中容纳更多天线显然不现实，所以只能在基站端叠加更多 MIMO 天线。从目前的理论来看，5G NR 可以在基站端使用最多 256 根天线，而通过天线的二维排布，可以实现三维波束成型，从而提高信道容量、扩大信道覆盖范围。

6.4.2 人工智能与 5G 技术

5G 技术是继 2G、3G 和 4G 之后的新一代移动通信技术，具有高速率、大容量、低时延、高可靠的特点。我国部分 5G 核心技术已处于全球产业第一梯队，具有极强核心竞争力，并且我国的 5G 建设与发达国家相比是同步甚至超前的。

人工智能显著的优势是缩短计算和推理的时间，从而提高劳动效率，而 5G 网络恰恰具有强大的数据交互的能力，5G 技术与人工智能结合能够更大程度地发挥互联网的智能优势。依托 5G 技术，人工智能可以更加精细地处理海量的数据，提高其自身传输数据的准确性和自动化水平。

例如，在车联网体系中融入 5G 技术能够使整个车联网的体系更加便捷和灵活。搭载了 5G 技术的车联网体系，可以更好地实现车内、车外智能设备的信息互通，在无人驾驶领域、远程控制驾驶领域都将实现重大的突破。比如智能停车平台，在与 5G 技术结合后，形成更加先进和快捷的智能停车云平台，其智能化水平相比传统的停车平台更高，可以更加精准地对停车设备进行识别，同时其他功能也更加强大。

在消费领域，随着互联网的兴起，人们的购物方式更加趋向于互联网购物。在 5G 技术的加持下，智能购物领域也飞速发展。比如一些手机 App 推出的“在线试鞋”“360° 全景看房”等体验功能，极大地提升了用户的在线购物体验。5G 技术借助其网络的高速、低时延的优势，对数据库进行匹配后，迅速完成实景的模拟，与人工智能结合的优势充分显示出来。

在旅行游玩方面，人工智能技术可以进行景点的模拟和应用，比如通过虚拟现实技术来实现足不出户就可以身临其境感受景点的美丽，再通过 5G 网络的高速传输，让现代人在忙碌的生活节奏中体验沉浸式旅游。

目前 5G 技术的应用场景越来越广泛。5G 技术与人工智能的结合，可以实现二者的互相推动和发展。5G 技术可以助推人工智能发挥更加强大的功能，反过来，人工智能的发展和需求也能加速 5G 技术的革新与进步。在未来，二者结合的应用将会越来越成熟，在更多的领域推动社会的发展。

6.5 创新设计——设想 6G 技术前景

5G 已经展开全面商用，随着 5G 在垂直行业的不断渗透，人们对于 6G 的设想也逐步产生。6G 将在 5G 的基础上全面支持整个世界的数字化，并结合人工智能等技术，实现智慧的泛在可取，全面赋能万事万物，推动社会走向虚拟与现实结合的“数字孪生”世界，实现“数字孪生，智慧泛在”的美好愿景。

围绕这一总体愿景，6G 网络将在智享生活、智赋生产、智焕社会 3 个方面催生全新的应用场景，比如孪生数字人、全息交互、超能交通、通感互联、智能交互等。

这些场景将需要太比特级的峰值速率、亚毫秒级的时延体验、超过 1000km/h 的移动速度及安全内生、智慧内生、数字孪生等新的网络能力。为了满足新场景和新业务的更高要求，6G 空口技术和架构需要进行相应的变革。

发挥想象力，思考 6G 技术将会是什么样的，会为人类创造什么样的福利。

6.6 小结

本项目以现代通信技术为主要内容，引领读者学习了现代通信技术的相关概念、历史、主流技术等基础知识；通过固定电话通信过程、移动电话通信过程案例分析，让读者更深刻地感受现代通信技术的魅力；拓展性地介绍了 6G 技术。读者阅读完本项目后，可以对现代通信技术有系统的认识。

项目7

人工智能与项目管理

07

项目管理在当今社会中占有重要的地位。一个项目的成功与否，关键在于项目管理是否得当。所以，项目管理是项目成功的核心，是项目的“灵魂”。本项目主要介绍在人工智能背景下项目管理的分析过程与关键技术。

知识目标

- 理解人工智能对互联网项目管理的影响。
- 理解项目管理应用人工智能的特点。

技能目标

- 能够用甘特图进行项目进度管理。
- 能够使用项目管理软件的基本功能，从而了解人工智能背景下项目管理的作业。

素养目标

- 培养团队合作能力。
- 培养创新实践能力。

7.1 任务引入

在当今社会中项目无处不在，例如我们居住的房屋，使用的各种电器、日用品，都是通过项目形式得到的。有专家指出，人类约一半的活动是通过项目的形式开展的。许多大型公司认为，企业的成功在于有效地推行项目管理。

自 20 世纪 90 年代末期以来，许多大型公司在大力开展关于项目管理的培训。现在的项目管理和过去人们观念上的投资项目管理完全不同。现在的项目管理会随着信息技术的变化而变化，是整个企业运作过程中的重要构成部分。一些跨国企业也把项目管理作为自己主要的运作模式和提高企业运作效率的解决方案。由此可见项目管理在当今经济社会中的重要性。图 7.1 所示为一个完整的项目管理体系。

7.1 人工智能与项目管理

图 7.1 项目管理体系

几十年来，人工智能已在各种行业中证明了其卓越的才能。在当今时代，企业正在使用人工智能来使日常工作自动化，将我们过去认为不可能的事情变为可能。

人工智能在加快软件开发并提高项目质量方面具有巨大潜力，尤其在提高软件开发效率方面。那么，人工智能究竟会对项目管理产生什么样的影响？人工智能的应用对项目管理团队来说又意味着什么？本项目将对这些问题进行初步探讨。

7.2 相关知识

下面以软件开发项目管理为例，介绍人工智能和项目管理的相关知识。

7.2.1 项目管理简介

7.2 项目管理相关知识

项目管理是指在项目活动中运用专门的知识、技能、工具和方法，使项目能够在有限资源限定条件下，实现或超过设定的期望的过程。项目管理是指使用指定的原则、程序和政策，指导项目从构想阶段过渡到完成阶段。

1. 软件开发项目管理

软件开发项目管理是指在时间、资金、人员和设备等资源的限制下，计划和控制具有既定目标（质量、投资、时间安排等方面）要求的工作的过程。与常规项目相比，软件开发项目具有其独特之处。软件开发既有知识密集型的特性，又有劳动密集型的特性；软件开发项目的成果以非物质的特殊表现形式呈现，可见性差。

在软件开发过程中，开发者经常会遇到以下问题：第一，用户没有明确的应用程序要求，开发者难以确定项目目标；第二，由于缺乏准确的时间预测，开发时间变得紧迫；第三，在软件开发过程中，不同的员工对事物的描述不同，从而给工作协调带来不便。随着软件产业的快速发展，风险和困难将越来越明显。为确保软件开发项目低成本、高质量地顺利完成，加强软件开发的项目管理工作尤其重要。

2. 项目计划

为了使软件开发项目顺利进行，必须有完善的、可执行的软件开发项目计划，以完成软件工程并管理软件开发项目。周密的计划对软件开发项目的重要性不言而喻。

项目计划首先需要评估软件产品的规模和所需的资金，其次是制订软件的开发日程，最后必须评估和识别软件风险，并做一些阶段性的标记。在软件开发的实际过程中，如果计划过于粗糙，项目在执行时就容易出现问题。如果制订了周密的计划，但是任意更改，不按照原计划执行，也会对软件开发产生巨大的负面影响。因此，好的计划是项目成功的开始。只有制订周密、可行的项目计划，并严守计划，才能取得项目管理的最终胜利。

3. 项目管理中的团队建设

众所周知，项目成败的关键在于人的决定，但是现在软件行业仅凭个人力量是无法完成一个项目的。因此，为了确保开发项目的顺利完成，团队的建设很重要。团队建设已经成为影响软件开发的关键因素之一。项目管理团队需要注意以下几点。

首先，要做好团队建设工作，以人为本，合理地协调、互补，充分利用团队各成员的专业技术知识。

其次，要注重培养团队的团结合作精神，发展良好的职业道德。

最后，要制订奖惩分明、合理的激励制度，明确团队各成员的权利和责任，及时解决项目过程中的各种矛盾，营造和谐的团队合作环境。

7.2.2　人工智能对互联网软件开发项目管理的影响

人工智能通过颠覆人类对编程的定义、感知和程序执行来改变互联网软件开发项目的过程。在人工智能影响下的互联网软件开发项目关系系统中，软件开发人员不提供任何指导步骤或操作，将特定领域的数据输入学习算法即可。人工智能会识别数据中的模式，利用机器算法将数据与其数据库进行比较，并做出正确的决策。

7.3　人工智能对项目管理的影响

通常，在传统的互联网软件开发项目管理过程中，项目经理和工程师需要为计算机提供明确的步骤，包括需求定义、设计、开发、测试、部署、维护代码等阶段。而在人工智能辅助下的互联网软件开发项目管理模型中，项目管理者只需定义问题并列出他们想要实现的目标，收集、准备数据，将数据输入学习算法，然后部署、集成和管理模型即可。科学家们认为未来的互联网和软件开发项目管理者将不需要维护复杂的存储库、分析运行时间或创建复杂的程序，只需要收集、清理、分析、标记和可视化输入神经网络的数据。

7.2.3　项目管理工作应用人工智能

目前项目管理工作应用人工智能有以下几个特点及方向。

（1）人工智能给项目管理工作带来的最大变化是灵活性和响应速度提高。

（2）人工智能可以在一定程度上替代项目经理助手、项目经理顾问和项目经理。

（3）人工智能中最有可能优化项目管理的技术是机器学习。

（4）人工智能在项目管理中的应用主要提高了生产力。

（5）很多企业制订了应用人工智能的数字化转型战略。

7.2.4　项目进度管理和甘特图

项目进度管理是软件开发项目管理中最困难的任务之一，因为项目在开发过程中需要经常修改、调试。为了严格控制项目的开发进度，首先，根据项目的规模、特点计算所需人员数、资金、时间等信息，制订包括一定调试时间、缓冲时间的灵活的可执行的项目进度计划；其次，系统分析和系统设计完成后，确定每个程序开发和测试所需的相对准确的时间；最后，必须将项目的实际进度与既定计划进行比较，在软件开发过程中不断对项目计划进行微调，如果开发进度落后于计划，就催促相关人员赶上进度。

7.4　制作项目进度管理图

甘特图也叫作进度管理图。它是一种简单的水平条形图，它以时间为基准描述项目任务，横轴表示时间，每一个水平线条表示一个任务，任务名称垂直地列在左边的列中。甘特图中的线条的起点和终点对应横轴上的时间，分别表示任务的开始时间和结束时间，线条的水平长度表示该任务的持续时间。同一时间段内有多个线条，表示这些任务是并发进行的。甘特图能清晰地描述每个任务从何时开始，到何时结束，以及任务之间的并行关系。但是它不能清晰地反映出各任务的依赖关系。

甘特图是一种常用的项目调度和进展评估工具。图7.2显示了一个项目开发阶段的甘特图。

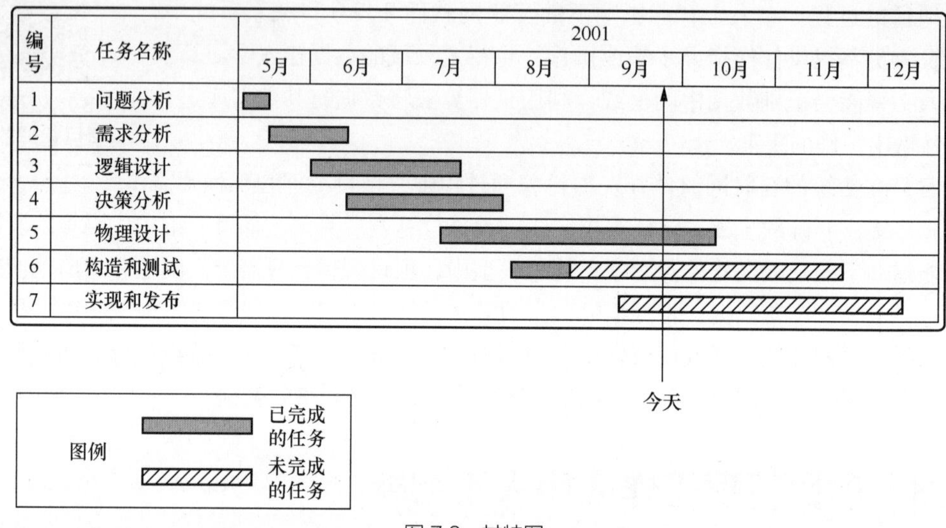

图7.2 甘特图

甘特图的优点是可以清楚地显示重叠任务，即可以显示同时执行的任务。从甘特图中一眼就可以看出哪个阶段提前于进度或者滞后于进度。甘特图中的线条可以增加阴影，以清楚地指示任务完成的百分比和项目进展情况。甘特图的流行是由于它易于学习、阅读、制作和使用。

有代表性的自动化项目管理软件包括帆软公司的简道云、微软公司的 Project、Primavera 公司的 Project Planner 和 Project Manager 等。

7.3 任务实施——使用 Project 2016 制作简易工作计划甘特图

7.3.1 安装 Project 2016

Project 2016 安装步骤如下。

（1）下载 Project 2016 安装包，并解压，如图7.3所示。

（2）找到安装程序，双击运行，如图7.4所示。

图 7.3　解压安装包

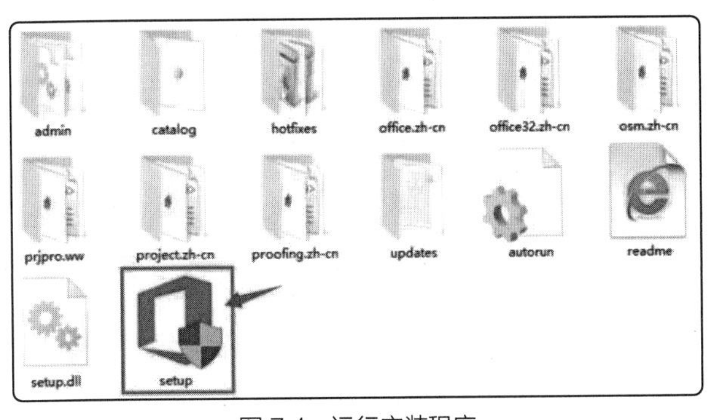

图 7.4　运行安装程序

（3）在打开的“Microsoft Project Professional 2016”对话框中勾选“我接受此协议的条款”复选框，然后单击“继续”按钮，如图 7.5 所示。

（4）选择安装方式。单击“自定义”按钮，如图 7.6 所示，更改软件安装选项和安装位置，开始安装。如果单击“立即安装”按钮，则默认安装到 C 盘。

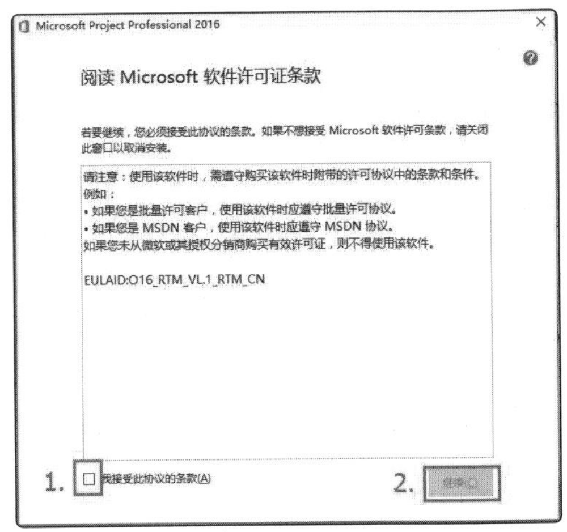
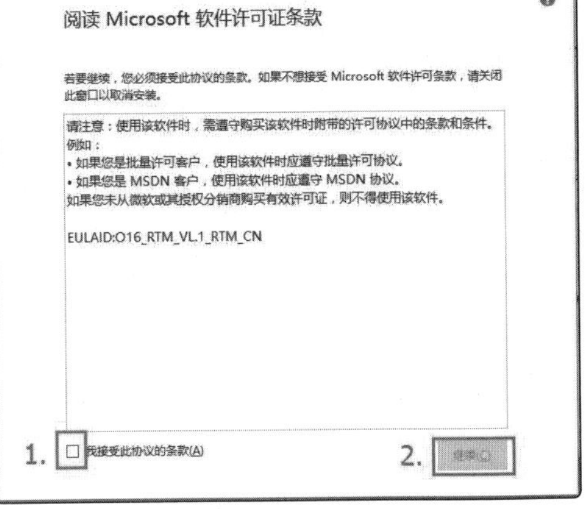

图 7.5　接受协议条款并继续

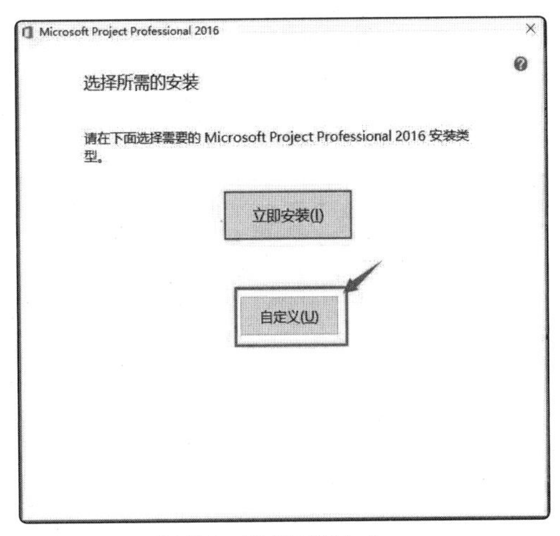

图 7.6　选择安装方式

（5）软件自动进行安装，对话框中会显示安装进度，如图 7.7 所示。

（6）完成安装，单击“关闭”按钮，如图 7.8 所示。

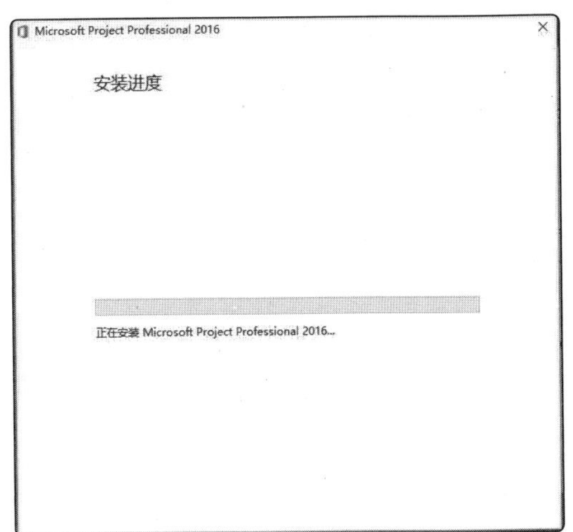

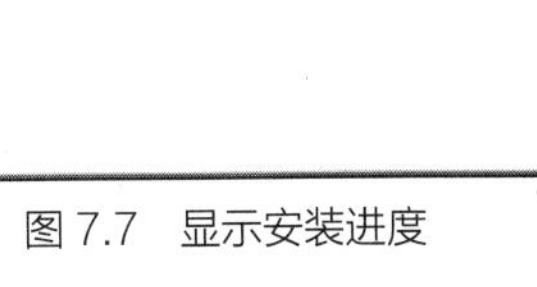

图 7.7　显示安装进度

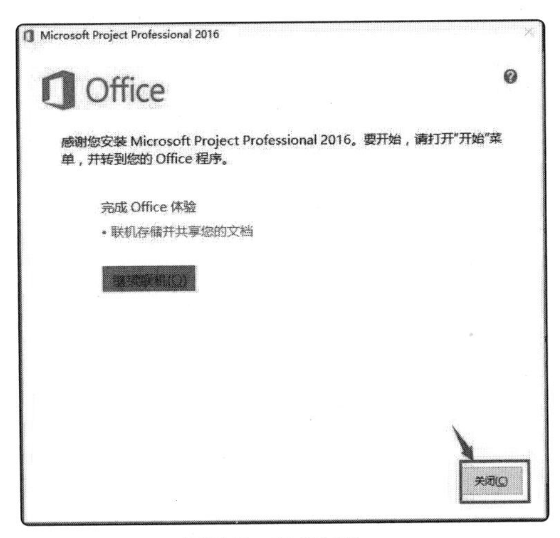

图 7.8　完成安装

7.3.2 使用 Project 制作甘特图

（1）打开安装好的 Project 2016，然后在界面中选择“空白项目”选项，新建一个空白项目，如图 7.9 所示。

（2）视图选择。Project 2016 功能强大，但是一般的工作要求不会涉及全部的功能，因此可以选择自己需要的视图，此处选择“甘特图”视图。单击“任务”选项卡“视图”组中的“甘特图”按钮，在弹出的下拉列表中勾选“甘特图”选项，如图 7.10 所示。

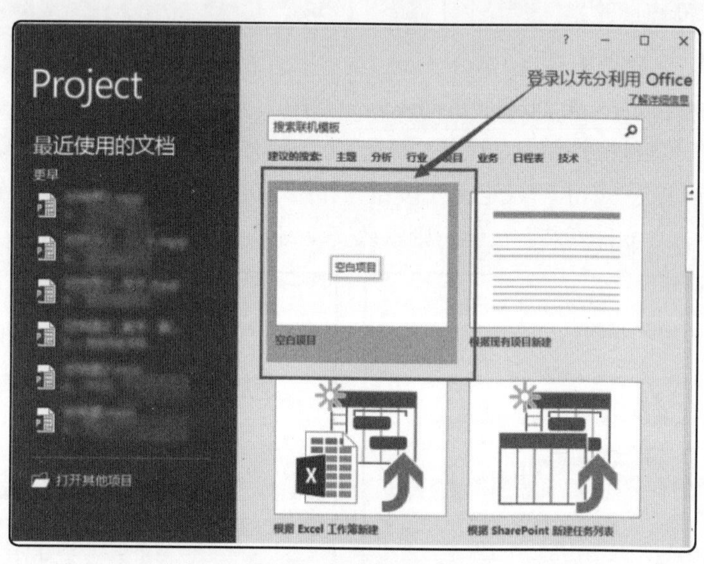

图 7.9 新建空白项目

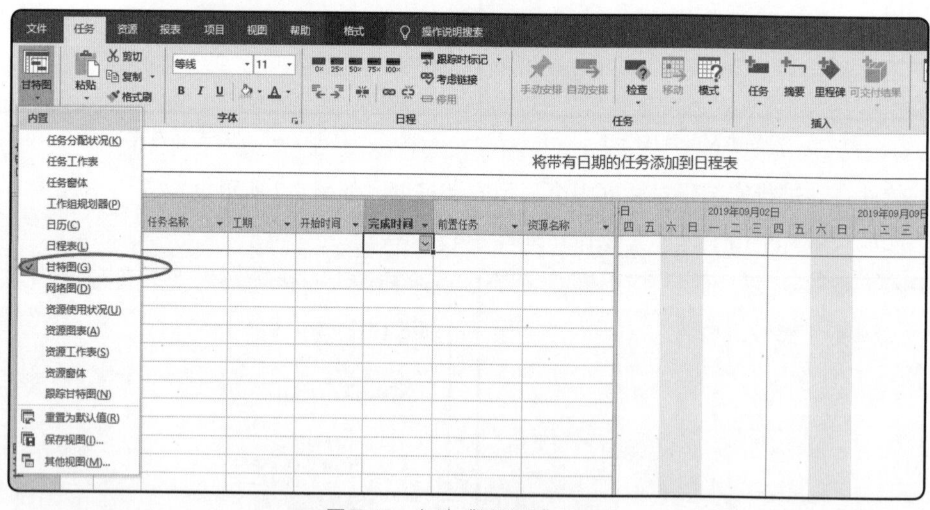

图 7.10 勾选“甘特图”选项

（3）计划编制模式选择。在添加任务前，先在工作界面左下角状态栏中单击“新任务：手动计划”按钮，在弹出的下拉列表中选择“自动计划 - 任务日期由 Microsoft Project 计算。”选项，使新建任务默认为“自动计划”模式，如图 7.11 所示。

在 Project 2016 中，任务的计划编制模式可以选择“自动计划”或“手动计划”。在绘制简易甘特图时，为了保证逻辑性和准确性，一般选择“自动计划”模式。

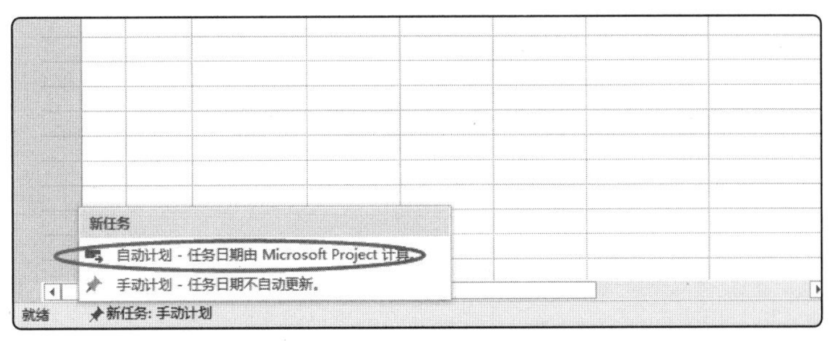

图 7.11　选择“自动计划”模式

（4）添加任务。添加任务常用的按钮包括“任务”选项卡的“插入”组中的“任务”按钮、“摘要”按钮、“里程碑”按钮，如图 7.12 所示。

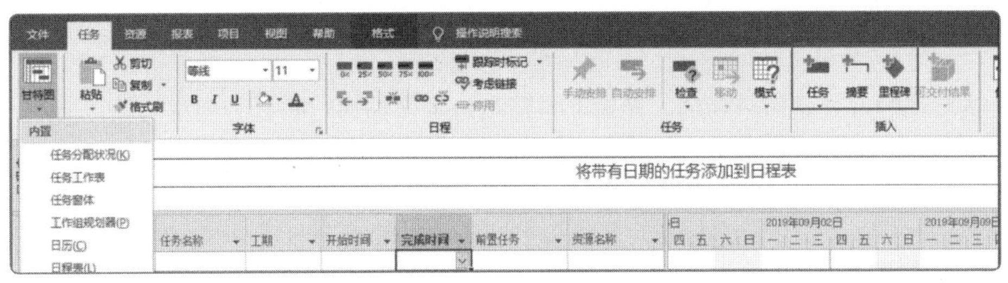

图 7.12　添加任务常用的按钮

单击“任务”选项卡的“插入”组中的相应按钮添加任务。然后在工作区中双击任务，打开“任务信息”对话框，在该对话框中设置任务名称、工期、开始时间、完成时间和前置任务。如需设置任务为里程碑任务，可在“任务信息”对话框中单击“高级”选项卡，勾选“标记为里程碑”复选框。单击“确定”按钮，关闭对话框。

添加任务后的效果如图 7.13 所示。

图 7.13　添加任务后的效果

7.4 知识拓展——甘特图的种类

甘特图有多种不同的画法，但大部分的甘特图画法比较烦琐，并不适用于我们日常互联网项目开发中的工作场景。下面介绍几种常用的甘特图的画法（种类）。

1. 线性进度图

甘特图的一种画法是线性进度图，如图 7.14 所示。严格来说线性进度图不能算是甘特图，更准确地来说是项目的里程碑图。但我们在简化展示项目规划安排的情况下，也可以将这种图作为甘特图使用。

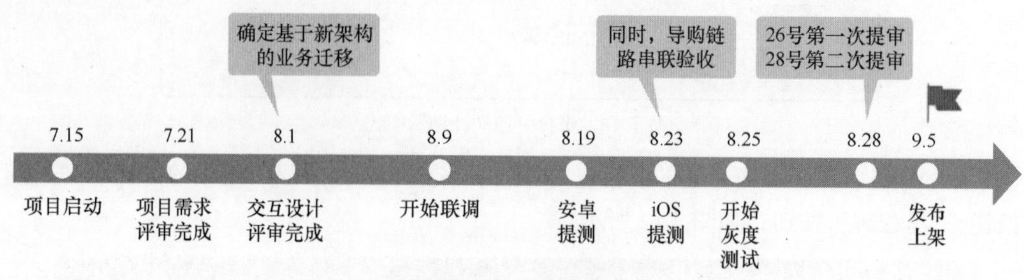

图 7.14　线性进度图

线性进度图的好处是简单易懂，能够非常清晰地从横轴的时间看到项目的关键节点，了解目前项目的进展程度是否符合预期。但由于提供的信息比较粗略，线性进度图适用于做项目情况汇报，而不适合作为具体工作跟进标准用于项目组内部。

2. 分任务甘特图

与线性进度图相比，分任务甘特图能包含更多信息，比如任务负责人、任务状态、任务的起始时间等，如图 7.15 所示。

新零售xxxx项目

编号	任务事项	状态	负责人
1.1	设计出战略方向到关键项目的信息汇总模板（关键项目大图）	已完成	
1.2	设计出每个关键项目信息模板	已完成	
1.3	梳理出一个项目负责人及各职能接口人的职责说明文案	已完成	
1.4	基于当前8个方向和30个项目完成关键项目大图的初步梳理	已完成	
1.5	项目大图和项目信息收集表的初步澄清和纠错	进行中	
1.6	管理周会，确认关键项目集管理模式，确认负责人并布置按模板收集信息	进行中	
1.7	完成所有关键项目信息统计和收集	未开始	
1.8	汇总信息产出第一个　产品技术关键项目集状态周报	未开始	
1.9	项目集周报组内部讨论评审，完成后提交审核	未开始	
1.10	提供关键项目集周报接收人员列表	未开始	
1.11	正式发送第一份关键项目集周报	未开始	
2.1	梳理出一个 xxx 的项目集到关键项目的关联规范、关键项目 xxx 空间规范	未开始	
2.2		未开始	
2.3		未开始	
2.4		未开始	
2.5		未开始	
2.6			
2.7			
2.8			

图 7.15　分任务甘特图

分任务甘特图不适用于汇报，但用于项目管理的任务进度管理非常有效，较适用于严肃的复杂型项目管理。

3. 分角色甘特图

传统甘特图上纵轴往往是基于任务的，分角色甘特图是一种基于传统甘特图的变形，如图 7.16 所示。在互联网项目开发中会涉及很多种不同的角色参与不同的工作，常见的有产品开发、后端开发、前端开发、测试、运营等。项目中不同的角色往往在不同的阶段对项目有不同的参与度。基于角色的甘特图能很清楚地展示项目中不同角色在不同时间的任务进展情况，能让人比较清楚地知道自己角色要做的是什么、进度是否正常。

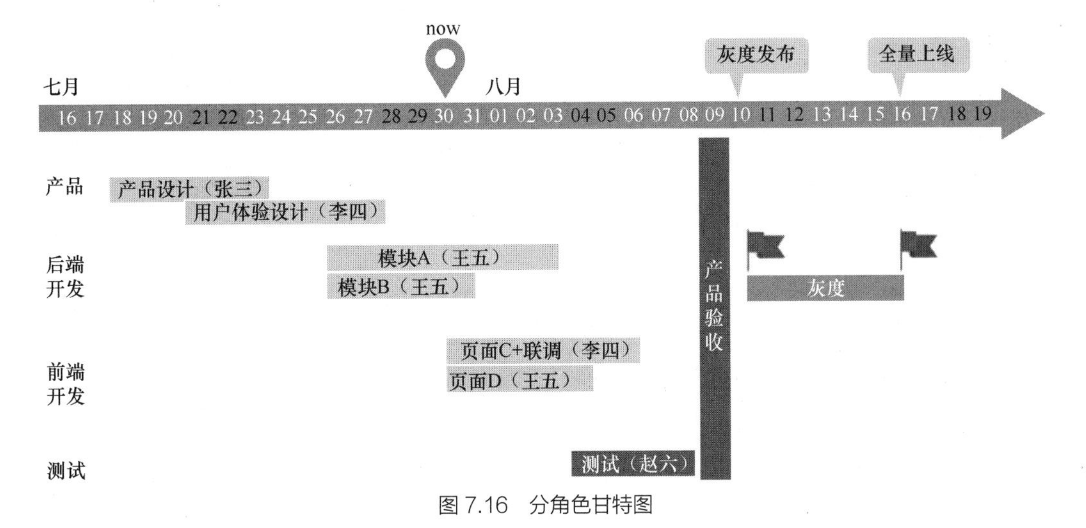

图 7.16 分角色甘特图

分角色甘特图展示了不同角色在项目中的任务安排和进度，适用于任务比较简单、参与的人不多的项目，也可以用于汇报和项目组内沟通。

7.5 创新设计——分析人工智能技术在项目管理各流程中的应用

目前，ChatGPT 广受关注，这证明新的人工智能技术和模型具备很高的使用价值。人工智能技术和自动化技术可以帮助项目管理软件更好地与其他软件集成。通过应用程序接口（Application Program Interface，API），项目管理软件可以与其他软件集成，从而实现自动化数据传输和任务分配，这将大大减少手动工作，并提高整个项目团队的工作效率。

查阅相关资料，以你所学专业的相关项目开发过程为例，发挥自己的想象力，分析在该项目开发过程的各环节（例如智能预测、工作任务分解、进度管理、风险预估管理等），可以怎样利用人工智能技术和知识提高工作效率。

7.6 小结

本项目以软件开发项目管理为例，引领读者学习了项目管理的概念、项目计划和团队建设，使读者对项目管理的进度计划和甘特图制作有了初步的认识，并了解了人工智能对项目管理的影响。读者阅读完本项目后，可以对人工智能影响下项目管理有初步的认识，为今后完成专业相关的项目管理与开发工作打下基础。

项目8 人工智能与人脸识别

08

人脸识别技术是基于人的脸部特征信息进行身份识别的一种生物识别技术，是人工智能的一个重要分支，也是当今的热门研究方向。作为人工智能的重要细分领域，国家对人脸识别相关的政策支持力度在不断加大，为人脸识别技术的应用及其在金融、安防、医疗、公共服务等领域的普及奠定了重要基础。

知识目标

- 掌握人脸识别的概念。
- 熟悉人脸识别技术的应用领域。
- 了解人脸识别的关键技术。

技能目标

- 能够使用人工智能开放平台实现人脸检测、人脸关键点定位、人脸对比等常用的人脸识别功能。
- 能够设计人脸识别技术在实际生活中的创新应用场景，使用人脸识别技术解决实际问题。

素养目标

- 培养创新意识。
- 培养信息安全意识。

8.1 任务引入

科技的发展正在加速改变我们的生活。过去，我们购物买单时，收银员会问“现金还是刷卡”，现在，则会问“微信还是支付宝”；过去，我们购物时要带现金或卡，现在只需带手机。

8.1 “刷脸”支付技术分析

移动支付目前主要以“扫码”为主，但一种新兴的支付方式——“刷脸”支付也出现在我们的生活中。“刷脸”支付在给消费者带来新鲜感的同时也带来更便捷的支付体验。作为人脸识别技术的落地应用，“刷脸”支付将会成为未来支付的趋势。随着人工智能技术的成熟，人脸识别技术也将应用于生活中的各个场景。

8.2 相关知识

人脸识别技术具有非侵略性、便捷性、友好性、非接触性、可扩展性等优势，因此，其具有非常广阔的应用前景，也引起学术界和商业界越来越多的关注。人脸识别技术已经广泛应用于身份识别、活体检测、唇语识别等场景中。下面介绍人脸识别是什么、人脸识别技术的应用领域及其关键技术。

8.2.1 人脸识别是什么

人脸识别用摄像机或摄像头采集含有人脸的图像或视频流，并自动在图像中检测和跟踪人脸，进而对检测到的人脸进行脸部的一系列检测，通常也叫作人像识别、面部识别。人脸识别技术属于生物识别技术，用生物体（一般特指人）本身的生物特征来区分生物体个体。图 8.1 所示为人脸识别概念图。

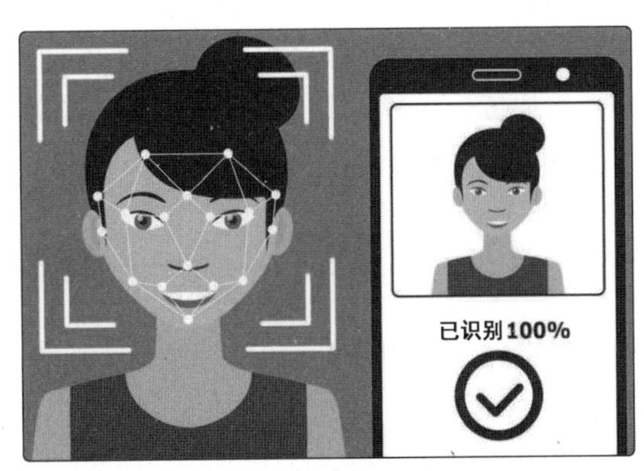

图 8.1　人脸识别概念图

人脸识别技术是一种焕发着活跃生命力、充满学术研究魅力的新兴技术。人脸识别技术的研究经过几十年的曲折发展日趋成熟，基于人脸识别技术的一系列产品实现了大规模落地。人脸识别技术的发展按照研究内容、技术方法等方面的特点大体划分为 3 个阶段，下面对这 3 个阶段的代表性研究工作及技术特点进行简单介绍。

1. 第一阶段：半机械式识别阶段

第一阶段始于 20 世纪 70 年代，这一阶段的代表性论文为派克（Parke）等发表的 *Computer generated animation of faces*。该论文的相关研究者建立了人脸灰度图模型，这些研究者被认为是这一阶段人脸识别技术的代表性人物。这一阶段的人脸识别以大量人工操作为主，无法自行完成。

2. 第二阶段：人机交互式识别阶段

人脸识别技术在 20 世纪 80 年代得到了进一步的发展。研究者可以使用算法来完成人脸的高级表示，或者可以用一些简单的表示方法来代表人脸图片的高级特征。但是，这部分人脸识别方法仍然需要研究人员的高度参与，例如在人脸识别过程中需要引入操作人员的先验知识。该阶段人脸识别的过程并没有完全摆脱人工的干预。

3. 第三阶段：自动人脸识别阶段

进入 20 世纪 90 年代，随着计算机配置、运算速度与效率的不断提高，以及图像采集加工能力的提升，人脸识别方法有了重大突破。这一阶段的人脸识别不限于识别正面的、光线良好的、没有遮挡的人脸，它能够识别不同姿态、不同年龄、不同光照条件的人脸。在这一阶段，研究人员提出了很多人脸自动识别的方法，一定程度上推动了人脸识别的发展进程。

8.2.2 人脸识别技术的应用领域

人脸识别技术已经广泛应用在金融、交通、教育、公安、医疗、智慧城市等领域，以后将全面地改变我们的生活模式。下面介绍人脸识别的应用领域。

1. 金融领域

时至今日，人脸识别技术在金融领域的应用已经非常普遍，其主要应用场景包括远程在线开户、在线支付认证、柜台身份验证、移动身份验证、自助发卡机等。过去金融机构使用肉眼人工判断、短信验证、绑定银行卡等手段进行实名认证，这些传统手段存在准确率不高、用户体验较差、成本高等问题，对金融业务发展造成了巨大的困扰。基于人脸识别的实名认证方式具有准确率高、用户体验好、成本低的优点，已被众多金融企业采用。

2. 交通领域

近年来，随着航空业的飞速发展，选择乘坐飞机出行的旅客激增，机场安检压力不断增大，国家对空防安全的标准也在逐年提高。于是，人脸识别技术作为一种创新便捷的高科技身份验证技术，开始逐渐在国内机场中应用，“刷脸”已经成为许多机场提高安检通行效率的有效方法。图 8.2 所示为银川河东国际机场人脸识别自助值机设备。此外，人脸识别系统还用于抓拍闯红灯的行人和非机动车驾驶者等。图 8.3 所示为闯红灯人脸识别系统。

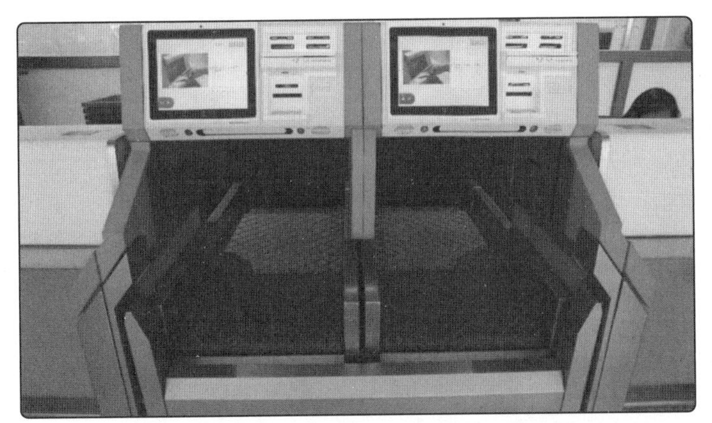

图 8.2　银川河东国际机场人脸识别自助值机设备

图 8.3　闯红灯人脸识别系统

3. 教育领域

人脸识别技术在教育行业的应用场景潜力巨大，2016 年高考，已有北京、四川、湖北、广东、辽宁、内蒙古等多省（自治区、直辖市）采用“人脸识别 + 指纹识别”的生物识别技术确认考生身份，防止替考、作弊事件发生。伴随试点区域及各领域案例的拓展与运营模式的成熟，人脸识别技术有望迎来大规模普及。教育领域人脸识别的典型应用场景如下。

（1）“刷脸”签到

大学将人脸识别系统用于课堂点名，老师不用一一点名，学生只要在桌上的镜头前露一下脸，就可以完成签到。其主要原理是基于人的脸部特征信息进行身份认证，把采集的信息输入人脸考勤机之后，学生每次上课通过自己的脸就能完成签到，而且不会受光线影响，更不用担心识别错误。

（2）校园安防

在幼儿园、中小学中应用人脸识别技术可以快速识别本校学生、老师、家长，提高校园安全率，防止陌生人进入、小朋友被陌生人接走的事情发生。传统幼儿园家长使用的是纸质接送卡或电子卡，接送环节充满隐患，卡片证明容易丢失，并且一旦家长换人接孩子，园方难以确认。

人脸识别技术应用将学生与家长信息录下来，当家长来接孩子的时候，“刷脸”即可知道他们的关系。这样不但可以解决接送孩子的家长的身份确认问题，而且方便出勤统计及相关管理，满足家长对孩子人身安全保障的迫切需求。人脸识别校园安防系统如图 8.4 所示。

图 8.4　人脸识别校园安防系统

（3）课堂检测

人脸识别技术可以引入在线课堂。上课期间，人脸识别技术通过对学生面部表情的识别，记录学生的课堂表现，并反馈给老师和家长，让在线课堂的老师“看见”学生成为可能。

这样的课堂监测可以通过情绪识别判断哪些学生在授课过程中存在困难，哪些学生能够轻松接受，从而帮助老师实现针对性教学。

4. 公安领域

人脸识别技术在公安领域得到了巨大的发展，其在协助公安打击犯罪上起到了不可忽视的作用。图8.5所示为人脸识别技术在公安领域中的应用。

图8.5 人脸识别技术在公安领域中的应用

人脸识别技术在公安领域的应用一般分为3种类型。

（1）实现“关注”人员的实时预警

视频监控前端不断采集视频，后端以人脸识别技术为核心进行“关注”人员对比，并通过报警的方式通知现场警员进行目标抓捕。

（2）实现事中、事后人员身份核查

后端系统对海量二代身份证进行“打标签”，通过警用智能终端或系统上传目标人脸图片，后端利用人脸识别技术从二代身份证库中寻找匹配的身份证图片，并给出关联的身份信息。

（3）实现人员身份核查

通过人脸识别技术实现手持身份证的人员和身份证的对比，进行人证合一的审查。

5. 医疗领域

随着人脸识别技术的逐渐成熟，人脸识别技术与医疗领域的融合程度不断加深，逐渐成为影响医疗行业发展、提升医疗服务水平的重要因素。

“刷脸”就诊可以让医生获取患者既往病史及相关健康信息，防止漏诊与误诊，且可以精准定位到就医人员，防止医保卡冒用，有效管控风险，对医保基金进行有效监管。图8.6所示为有人脸识别功能的智慧医疗多功能自助机，患者可通过“刷脸”进行身份

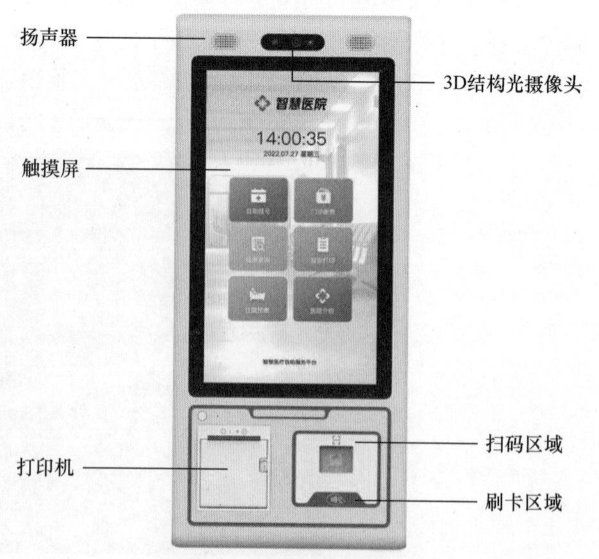

图8.6 智慧医疗多功能自助机

核验，从而完成挂号、付费、查询社保卡使用记录等操作。

6. 智慧城市领域

在智慧城市的建设过程中，识别、存储人脸的数据是构建整个智慧城市的基础数据，是智慧城市体系中不可或缺的一部分。人脸识别技术已经在智慧城市中有较为广泛的运用，涉及城市基础设施管理的多个领域。人脸识别技术在智慧城市中的应用具体表现在以下几个方面。

（1）养老金领取管理

利用人脸识别技术可以有效地进行人员核对，减少养老金的流失。

（2）办税认证系统

通过人脸识别技术，办税认证系统自动将镜头拍摄的人像同公安部门身份信息中的人像进行对比，实时完成实名认证，这不仅有效缓解了窗口办税人员的压力，提升了办税效率，还提升了实名制办税体验，降低了涉税风险。

（3）社区管理系统

在智慧城市中，居民可以随时通过社区人脸识别系统接收水电费通知、车库更新信息等物业方面的通知，社区管理系统能够更好地为小区业主提供智能生活体验。通过非配合式人脸识别，物业管理部门可以为业主提供更加友好自然的生活体验。图 8.7 所示为智慧社区解决方案。

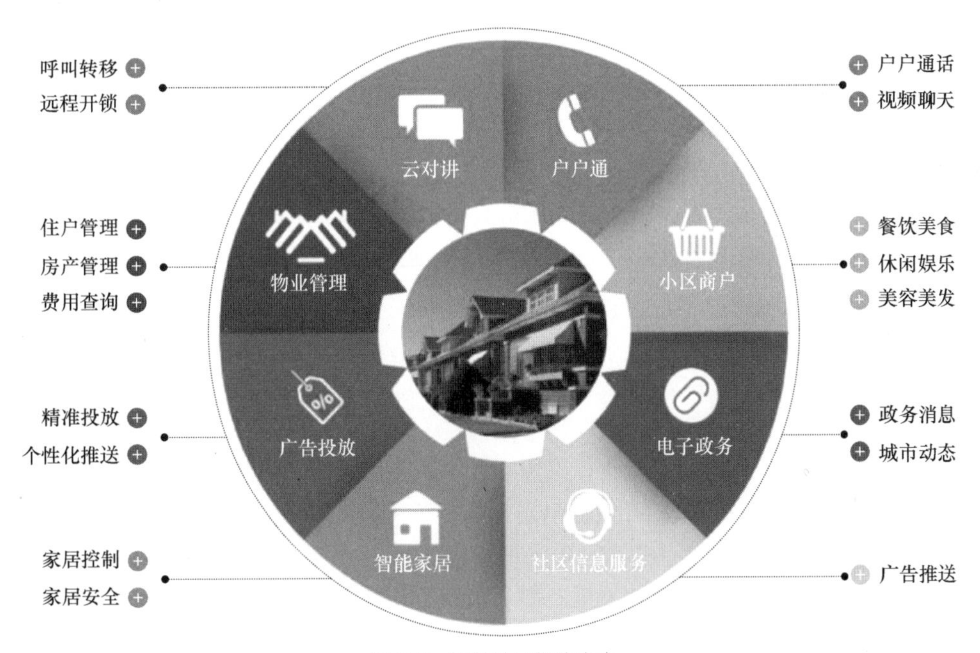

图 8.7　智慧社区解决方案

（4）楼宇门禁系统

通过构建具有智能管理功能的身份识别系统，人脸识别楼宇门禁系统可以快速精确地识别人脸，并做出打开门禁或关闭门禁的决定，提高社区楼宇的安全度。图 8.8 所示为人脸识别楼宇门禁。

图 8.8　人脸识别楼宇门禁

（5）智能膳食管理系统

智能膳食管理系统通过在学生打饭时进行人脸识别，记录学生每天进食的菜式，之后结合医院体检结果给出膳食调整意见。该系统可以对学生单次摄入的食物予以记录，后期可以不断地优化菜品以达到调整和优化学生饮食结构的目的。

（6）商业智能分析系统

商业智能分析系统能充分利用机器视觉对人脸的特征识别和归纳能力，将用户的性别、年龄、心情等作为商业需求的对应特征，有针对性地实时推送用户可能感兴趣的内容，为商家进行目标用户群导流和精准销售。同时，它能通过对不同人群的兴趣内容的观察和学习，逐步提升对目标人群推送的内容的匹配精准度。

8.2.3　人脸识别的关键技术

在日常生活中，人脸识别技术的应用很常见，这些应用正在改变我们的生活方式。人脸识别是如何做到如此智能的呢？其关键技术及原理有哪些呢？下面介绍人脸识别涉及的 10 个关键技术。

1. 人脸检测

人脸检测（Face Detection）是检测出图像中人脸所在位置的一项技术。

人脸检测算法的输入是一张图片，输出是人脸框（可以有 0 个人脸框、1 个人脸框或多个人脸框）坐标序列。输出的人脸框为一个正方形或矩形。

常见的人脸检测算法基本包含“扫描”加“判别”的过程，即算法在图像范围内扫描，再逐个判定候选区域中是否有人脸。因此，人脸检测算法的计算速度与图像尺寸、图像内容相关。开发过程中，我们可以通过设置“输入图像尺寸”“最小脸尺寸限制”或“人脸数量上限”的方式来加速人脸检测。

2. 人脸配准

人脸配准（Face Alignment）是定位出人脸五官关键点坐标的一项技术。

人脸配准算法的输入是一张人脸图片加人脸框，输出是五官关键点的坐标序列。五官关键点的数量是预先设定好的一个固定数值，可以根据不同的语义来定义（常见的有 5 点、68 点、90 点等）。当前流行的人脸配准方法基本通过深度学习框架实现。这些方法通常基于人脸检测的人脸框，按某种事先设定的规则将人脸区域抠取出来，缩放到固定尺寸，然后进行关键点位置的计算。

3. 人脸属性识别

人脸属性（Face Attribute）识别是识别出人脸的性别、年龄、姿态、表情等属性值的一项技术。

一般的人脸属性识别算法的输入是一张人脸图片和人脸五官关键点坐标，输出是人脸相应的属性值。人脸属性识别算法一般会在根据人脸五官关键点坐标将人脸进行对齐旋转、缩放、抠取等操作后，将人脸调整到预定的大小和形态，然后进行属性分析。

常规的人脸属性识别算法识别每一个人脸属性的过程都是一个独立的过程，即人脸属性识别只是对一类算法的统称。性别识别、年龄估计、姿态估计、表情识别都是相互独立的算法，但一些基于深度学习的新的人脸属性识别算法也具有同时估计性别、年龄、姿态等属性值的功能。

4. 人脸提特征

人脸提特征（Face Feature Extraction）是将一张人脸图片转换为一串固定长度的数值的技术。这串数值被称为“人脸特征”，具有表征人脸特点的作用。

人脸提特征算法的输入是一张人脸图片和人脸五官关键点坐标，输出是人脸相应的一串数值（特征）。人脸提特征算法会根据人脸五官关键点坐标将人脸和预定模式对齐，然后计算特征。

5. 人脸对比

人脸对比（Face Compare）是衡量两张人脸之间相似度的技术。人脸对比算法的输入是两个人脸特征（由前面介绍的人脸提特征算法获得），输出是两个特征之间的相似度。人脸验证、人脸识别、人脸检索都是在人脸对比的基础上加一些策略来实现的。基于人脸对比可衍生出人脸验证（Face Verification）、人脸识别（Face Recognition）、人脸检索（Face Retrieval）、人脸聚类（Face Cluster）等技术。

6. 人脸验证

人脸验证是判定两个人脸图片是否表示同一人的技术。它的输入是两个人脸特征，通过人脸对比获得两个人脸特征的相似度，通过与预设的阈值比较来验证这两个人脸特征是否属于同一人。如果相似度大于阈值，即为同一人；相似度小于阈值，则为不同人。在实际应用中，通常需要将采集到的人脸特征与人脸特征数据库中的大量数据对比，判定被采集者的身份。人脸验证过程如图 8.9 所示。

7. 人脸识别

人脸识别是识别出输入人脸图片对应身份的技术。它的输入是一个人脸特征，通过和注册在数据库中所有身份对应的特征进行逐个对比，找出一个与输入特征相似度最高的特征，将这个最高相似度值和预设的阈值相比较，如果大于阈值，则返回该特征对应的身份，否则返回“不在数据库中”。人脸识别场景示例如图 8.10 所示。

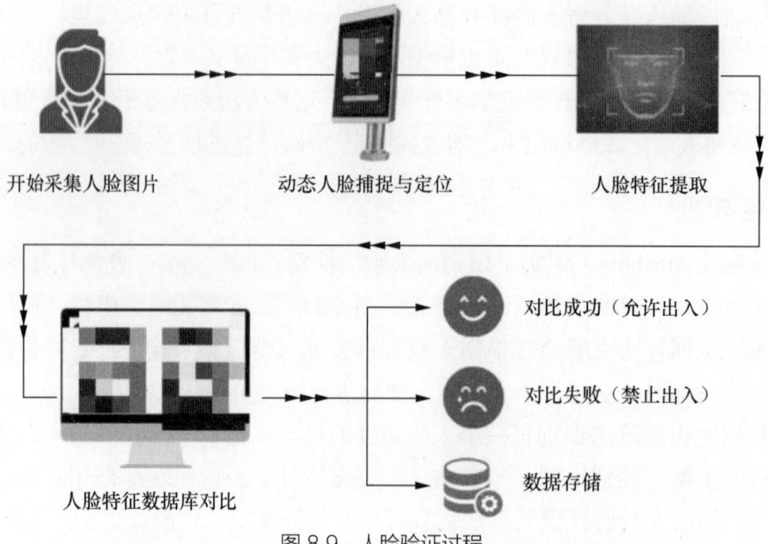

图 8.9　人脸验证过程

图 8.10　人脸识别场景示例

8. 人脸检索

人脸检索是查找和输入人脸相似的人脸的序列的技术。人脸检索通过将输入的人脸和一个集合中的所有人脸进行对比，根据对比后的相似度对集合中的人脸进行排序。人脸检索的结果即根据相似度从高到低排序的人脸序列。

9. 人脸聚类

人脸聚类是将一个集合内的人脸根据身份进行分组的技术。人脸聚类通过将集合内所有的人脸两两之间做人脸对比，根据这些人脸的相似度值进行分析，将属于同一个身份的人脸划分到一个组里。

10. 人脸活体

人脸活体（Face Liveness）是判断人脸图片是来自真人还是来自假体（照片、视频等）的技术。人脸活体检测示例如图 8.11 所示。和前面提到的人脸识别算法相比，人脸活体不仅是一个单纯算法，还是一个问题的解法，这个解法将用户交互和算法紧密结合，不

检测开始后，跟随卡通形象完成动作

张嘴　转动头部　闭眼

图 8.11　人脸活体检测示例

同的交互方式对应完全不同的算法。

8.3 任务实施——人脸识别开放平台体验

8.3.1 百度人工智能开放平台人脸识别体验

1. 实施要求

使用移动端百度人工智能开放平台，体验人脸识别服务。

2. 实施步骤

（1）打开移动端百度人工智能开放平台，单击“人脸与人体识别”标签，切换到相应的标签页，如图 8.12 所示。

（2）在图 8.12 所示的标签页中单击“人脸检测”按钮，上传人脸图片或者使用示例图片查看人脸检测结果，如图 8.13 所示。

（3）检验人脸检测正确性。

（4）在图 8.12 所示的标签页中单击“人脸对比”按钮，上传图片或者使用示例图片查看人脸对比结果，如图 8.14 所示。

（5）查看分析结果，检验对比正确性。

（6）在图 8.12 所示的标签页中单击“情绪识别”按钮，上传识别图片或者使用示例图片查看情绪识别结果，如图 8.15 所示。

图 8.12 “人脸与人体识别”标签页

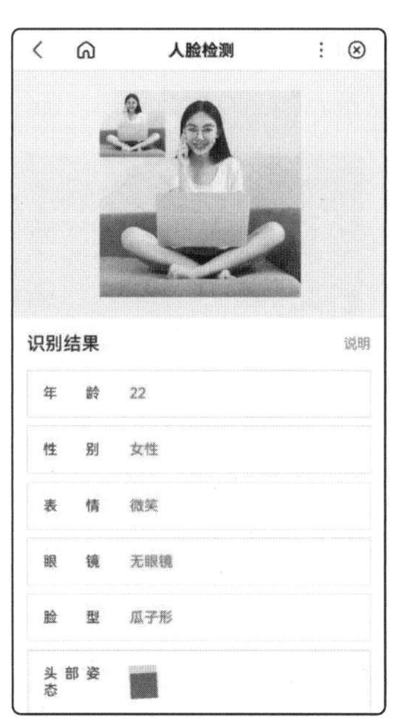

图 8.13 查看人脸检测结果

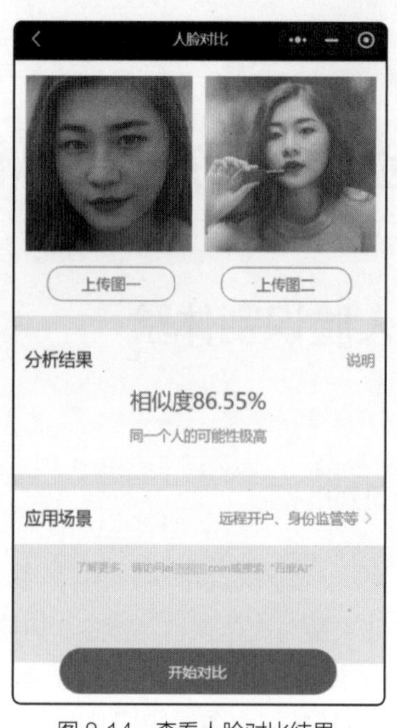

图 8.14　查看人脸对比结果

图 8.15　查看情绪识别结果

8.3.2　腾讯人工智能开放平台人脸识别体验

1. 实施要求

使用移动端腾讯人工智能开放平台，体验人脸识别服务。

2. 实施步骤

（1）打开移动端腾讯人工智能开放平台，在“人脸人体服务”标签页中单击“人脸检测与分析”按钮，打开“人脸检测与分析”页面，如图 8.16 所示。

图 8.16　打开“人脸检测与分析”页面

（2）单击选取图片，从本地上传图片或者选取示例图，查看及验证检测结果，如图 8.17 所示。

（3）在“人脸人体服务”标签页中单击“人脸关键点定位”按钮，上传人脸图片或者使用示例图片查看人脸关键点定位结果，如图 8.18 所示。

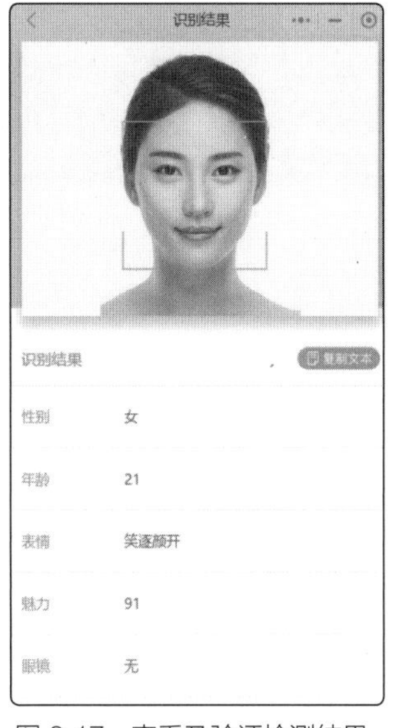

图 8.17　查看及验证检测结果

图 8.18　查看人脸关键点定位结果

（4）在“人脸人体服务”标签页中单击“人脸验证”按钮，上传验证图片或者使用示例图片查看人脸对比结果，如图 8.19 所示。

图 8.19　查看人脸对比结果

8.3.3　讯飞人工智能开放平台人脸识别体验

1. 实施要求

使用移动端讯飞人工智能开放平台，体验“人脸对比”服务。

2. 实施步骤

（1）打开移动端讯飞人工智能开放平台，单击“计算机视觉”标签，切换到相应的标签页，如图 8.20 所示。

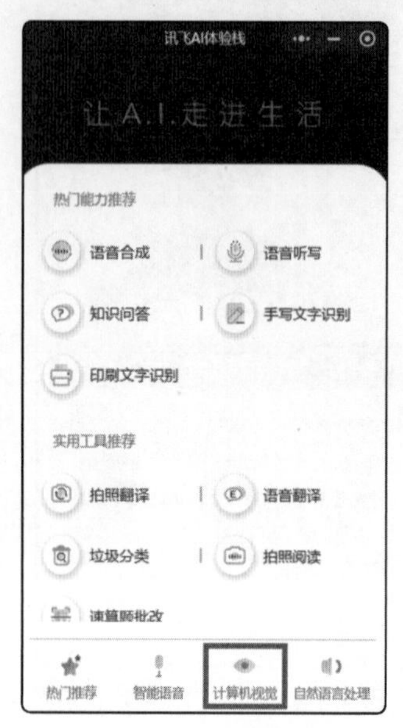

图 8.20　切换到“计算机视觉”标签页

（2）单击“人脸对比”按钮，上传对比图片或者使用示例图片查看人脸对比结果，如图 8.21 所示。

图 8.21　查看人脸对比结果

（3）检验对比正确性。

8.4 知识拓展——人脸识别的安全问题

随着人脸识别技术的成熟，我们似乎已经进入“刷脸”时代，如人脸解锁、“刷脸”取款、“刷脸”买单、“刷脸”坐高铁等，越来越多的生活环节与“刷脸”产生了紧密联系。不过，在“刷脸”时代，人脸识别等生物识别技术可能潜藏安全风险和隐私问题，要谨慎“刷脸”。

在 GeekPwn2017 国际安全极客大赛上，参赛者们现场上演“课中课”，短短几分钟甚至几秒钟就能轻松攻破人脸识别、虹膜识别、指纹识别等生物识别系统。例如，有一名参赛者用了不到 2min30s 就成功通过了刷脸机，更令人感到不安的是，还有一名参赛者用了不到 10s 就用一张打印的照片在一定光线环境下解锁了一部手机。

要彻底消除人脸识别中的安全风险，可以交叉使用人脸识别和多种验证方式，尤其是在对安全要求很高的金融场景。比如，为了防止非法入侵者使用照片、视频、三维头套等通过人脸识别验证，银行“刷脸”取款要求同时进行人脸识别、手机号码或身份证验证、密码验证。

8.5 创新设计——人脸识别技术的创新应用

查找资料，发散思维，从人工智能改变未来生活的角度，探索人脸识别的创新应用，设计人脸识别技术的创新应用场景，编写报告。

8.6 小结

本项目主要介绍了人脸识别的相关知识，引领读者学习了人脸识别技术的发展阶段、应用领域，以及人脸识别关键技术，并在人工智能开放平台体验了人脸检测、人脸关键点定位、人脸对比等常用的人脸识别服务。读者阅读完本项目后，可以对人脸识别技术的基本原理及应用有完整的认识，为今后完成人脸识别技术在现实生活中的应用与开发工作打下基础。

项目9 人工智能与语音识别

09

语音识别是人工智能的一个技术类型，也是模式识别的一个分支，从属于信号处理领域，同时与语音学、语言学、数理统计学及神经生物学等学科有非常密切的关系。

语音识别研究的目的就是让机器“听懂”人类口述的语言，这包括两方面的含义：其一是让机器逐字逐句“听懂”人类口述的语言并将其转换成书面语言文字；其二是让机器对口述语言中所包含的要求或询问加以理解，做出正确响应。

知识目标

- 了解语音识别相关概念、历史、应用与前景。
- 掌握语音识别技术框架。
- 了解语音识别技术实现与应用典型案例。

技能目标

- 能够简要画出语音识别技术框架。
- 能够使用科大讯飞等国内商家的相关产品体验语音识别技术。
- 能够熟悉语音识别相关主流技术。

素养目标

- 培养创新意识。
- 培养劳动意识。

9.1 任务引入

在用微信聊天时，如果对方发了语音而自己不方便当众播放，可以使用“转文字”功能，将语音转成文字来阅读，如图 9.1 所示。当自己不方便打字，想发语音，又怕对方不方便听时，还可以将自己的语音转成文字，其速度比打字速度快好多倍。

那么微信语音转文字是怎么实现的呢？微信语音转文字这个功能采用的技术是微信人工智能团队基于深度学习理论研发的语音识别技术——微信智聆。

什么是语音识别呢？语音识别又使用了哪些技术？语音识别是如何实现的？语音识别会给我们的生活带来怎样的改变？接下来我们就来揭开语音识别的神秘面纱。

9.1 人工智能与语音识别

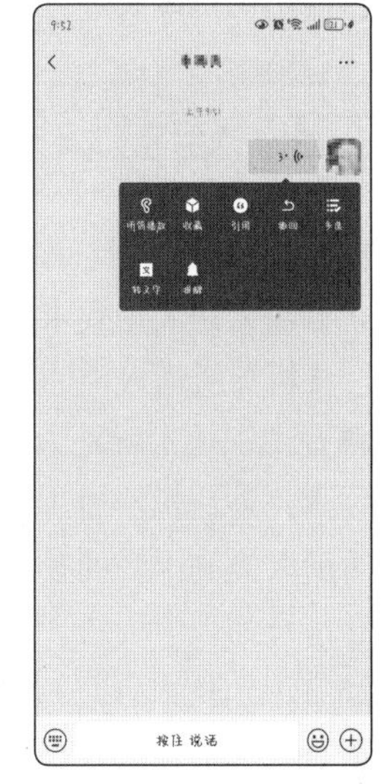

图 9.1 微信语音“转文字”功能

9.2 相关知识

9.2.1 语音识别是什么

语音识别就是让智能设备听懂人类的语音。它是一项涉及语音学、语言学、数理统计学等多学科的技术。这项技术可以提供如自动客服、自动语音翻译、语音命令控制、语音验证码等多项功能。近年来，随着人工智能的兴起，语音识别技术在理论和应用方面都取得了重大突破，开始从实验室走向市场，逐渐走进我们的日常生活。现在语音识别技术已经应用于多个领域，主要包括语音识别听写器、语音寻呼和答疑平台、自主广告平台、智能客服等。

9.2.2 语音识别技术的相关概念

语音识别是将人类的声音信号转换为文字的过程。语音识别技术的相关概念如下。

（1）声音。声音是由物体振动产生的一种物理现象。最初发出振动的物体叫声源。声音以波的形式振动传播。声波指通过介质传播并能被人或动物听觉器官所感知的波动现象。

（2）频率。声音的频率指声波每秒振动的次数，它的测量单位为 Hz。人耳能听到的声音频率范围是 20Hz ～ 20kHz，人说话的声音频率范围是 85Hz ～ 1.1kHz，常见乐器的声音频率范围是 20Hz ～ 20kHz。

（3）语音时域特性。语音信号有时变特性，时变是非平稳的随机过程。但在一个短时间范围内，语音信号基本保持不变，这种特性即语音的“短时平稳性”。

（4）语音识别和语义识别。语音识别为感知智能，语义识别为认知智能，前者为后者的前提。语音识别将声音转换成文字。语义识别提取文字中的相关信息和相应意图，再通过云端“大脑”决策，使用执行模块进行相应反馈动作。

9.2.3 语音识别技术的背景

在我们的生活中，各种终端设备的智能化和集成化程度越来越高，传统的信息检索和菜单操作方式已经无法满足要求，我们迫切需要一种更加便捷的信息检索和菜单操作方式来代替传统的方式。让机器听懂人类的语音，这是人类长期以来梦寐以求的事情。

语音识别技术就是为了实现人机语言的自然通信而产生的。语音识别技术也被称为自动语音识别技术，是让机器通过识别和理解过程把语音信号转变为相应的文本或命令的技术，也就是让机器听懂人类的语音的技术。其目标是将人类的语音中的词汇内容转换为计算机可读的输入。它是语音信号处理学科的一个分支，语音识别系统的本质是一种模式识别系统。

语音识别技术研究的开端是20世纪50年代贝尔实验室的戴维斯等人研究的Audrey系统——第一个可以“听懂”几个英文数字的系统。20世纪60年代至20世纪70年代，随着人工智能理论的发展，语音识别技术取得了长足的进步。语音识别技术逐渐发展到了可以进行连贯语句的识别，甚至实时翻译的高阶水平。

随着计算机技术的发展，语音识别技术已成为信息产业领域的标志性技术，并迅速发展成为改变人类生活方式的关键技术之一。

在智能时代，操作智能终端设备的新方式在生活中随处可见。语音识别技术使人们能够摆脱键盘输入的束缚，以语音输入这样便于使用的、自然的、人性化的方式进行交互。语音识别技术正逐步成为信息技术中人机接口的关键技术。

我国语音识别研究起步较晚但发展较快。中国科学院的自动化研究所、声学研究所等科研机构及清华大学等高校都在进行语音识别领域的研究和开发。国家高技术研究发展计划（863计划）智能计算机主题专家组为语音识别技术研究专门立项，并取得了高水平的科研成果。

在智能家居行业，不管是智能家电、智能音箱还是机器人，语音识别技术都是其必备的基本功能之一。从控制方式上来看，除了部分智能家电外，语音控制已经成为市场的主流。未来，作为人机自然交互的前提之一，语音识别是智能家居的主流趋势，只有语音识别的准确率达到一定阈值，人机的自然交互才能顺利开展。在智能家居市场的推动下，语音识别技术也将成为重点发展对象。

9.2.4 语音识别技术的历史

下面从国外和国内两个方面介绍语音识别技术的历史。

1. 语音识别技术的国外历史

20世纪50年代，贝尔实验室率先实现了10个英文数字的识别。

20世纪60年代，卡内基梅隆大学开始进行连续语音识别的开创性工作，但是进展缓慢。

20世纪70年代，计算机性能的提升以及模式识别基础研究的发展，促进了语音识别技术的发展。IBM公司和贝尔实验室相继推出了实时的PC端孤立词识别系统。

20世纪80年代是语音识别技术快速发展的时期。此时语音识别技术开始引入隐马尔可夫模型（Hidden Markov Model，HMM），从孤立词识别系统向大词汇量连续语音识别系统发展。

20世纪90年代是语音识别技术基本成熟的时期。这一时期语音识别的效果离实用化还相差甚远，语音识别技术的研究陷入了瓶颈。

2006年，语音识别技术迎来了关键突破。这一年欣顿提出深度置信网络（Deep Belief Network，DBN），促进了深度神经网络（Deep Neural Network，DNN）研究的发展，掀起了深度学习的热潮，侧面促进了语音识别技术的发展。

2009年，欣顿和他的学生将深度神经网络应用于语音的声学建模，成功建立小词汇量连续语音识别数据库。

2011年，微软亚洲研究院发表深度神经网络在语音识别上的应用的文章，在大词汇量连续语音识别任务上获得突破。此时国内外互联网公司大力开展语音识别研究。

2017年12月，论文 *State-of-the-art Speech Recognition with Sequence-to-Sequence Models* 发布，其中提出了一种新的语音识别系统，该系统可以将语音识别错词率降低至5.6%，相对于传统的语音识别系统有16%的性能提升。

2. 语音识别技术的国内历史

1958年，中国科学院声学研究所能够利用电子管识别10个元音。

1973年，中国科学院声学研究所开始计算机语音识别研究。

1986年，语音识别技术被863计划专门列为研究课题，之后我国每隔两年召开一次语音识别专题会议。

2003年，863计划重启停滞多年的语音识别评测，国内陆续成立许多语音识别公司。

2010年，国内互联网公司开始推出语音搜索等服务，并逐渐组建语音识别研发团队。

2018年6月，阿里巴巴推出了新一代语音识别模型——深度前馈序列记忆网络（Deep Feedforward Sequential Memory Network，DFSMN）模型。该模型将全球语音识别准确率提高至96.04%，错词率降低至3.96%。

2018年10月，云从科技发布Pyramidal-FSMN语音识别模型。Pyramidal-FSMN语音识别模型在开源语音识别数据集Librispeech上刷新了世界纪录，将语音识别准确率提升到97.03%，同时刷新全球语音识别准确率的纪录。

我国的语音识别研究工作虽然起步较晚，但由于国家非常重视此研究，因此研究工作进展顺利，相关研究紧跟国际水平。由于我国有不可忽视的庞大市场，国外对中文语音识别技术也非常重视，同时，汉语语音语义的特殊性使中文语音识别技术的研究更具有挑战性。

9.2.5 语音识别技术的应用与前景

1. 语音识别技术的应用

语音识别技术的应用主要有以下几个方面。

（1）语音输入系统。语音输入系统是借助计算机自动辨识用户的语音的技术。相对于键盘输入，语音输入更符合用户的日常习惯，也更自然、高效。

（2）语音控制系统。语音控制系统是用语音来控制设备运行的技术。相比手动控制，语音控制更加快捷、方便。语音控制系统可以用在工业控制、语音拨号、智能家电、声控智能玩具等许多领域。

（3）智能对话查询系统。智能对话查询系统可以自动根据用户的语音进行操作，为用户提供自然、友好的数据库检索服务，例如家庭服务、宾馆服务、医疗服务、银行服务等。

2. 语音识别技术的前景

语音识别技术发展到今天，中小词汇量非特定人的语音识别系统的识别精度已经大于98%，特定人的语音识别系统的识别精度更高。语音识别技术已经能够满足用户日常应用的要求。随着大规模集成电路技术的发展，复杂的语音识别系统也完全可以嵌入专用芯片，大量生产。目前大量的语音识别产品已经进入市场和服务领域。用户可以通过电话网络用语音识别系统查询机票、旅游、银行等信息，并且取得很好的结果。

9.2 语音识别需求分析

可以预测，未来 5 到 10 年，语音识别系统的应用将更加广泛，各种各样的语音识别产品将出现在市场上。语音识别技术将会应用于更广泛的领域，从而实现更加高效、便捷的服务。

9.2.6 语音识别技术面临的挑战

近几年，虽然语音识别技术发展迅速，但也面临众多挑战。语音识别技术主要有以下几个问题需要解决。

1. 识别的准确性问题

目前在实际应用中，语音识别技术多用在智能家居领域，比如智能家电或智能音箱等。此时，我们就需要考虑以下问题。如果多个家庭成员同时讲话，智能家电或智能音箱应该执行谁的命令呢？智能家电又如何在众多声音中找出自己主人的命令呢？这些都是当前语音识别所需要解决的问题。

2. 如何降低周边环境的干扰

对于人类来讲，在嘈杂环境中听别人说话或从众多声音中找出自己想听的内容是一件较为简单的事，而降低周边环境的干扰对于语音识别系统来说并没有那么容易。

3. 语言扩展问题

绝大多数语音识别系统能够支持的语言数量大约是 80 种，而世界上有数千种语言，扩展语言会给语音识别带来巨大的挑战。此外，我们缺少许多语言的数据资源，这将导致难以创建新的语音识别系统。

9.2.7　语音识别系统框架

语音识别的本质是一种基于语音特征参数的模式识别，即通过学习，系统能够把输入的语音按一定模式进行分类，进而依据判定准则找出最佳匹配结果。目前，模式匹配原理已经被应用于大多数语音识别系统中。图 9.2 是基于模式匹配原理的语音识别系统框架。

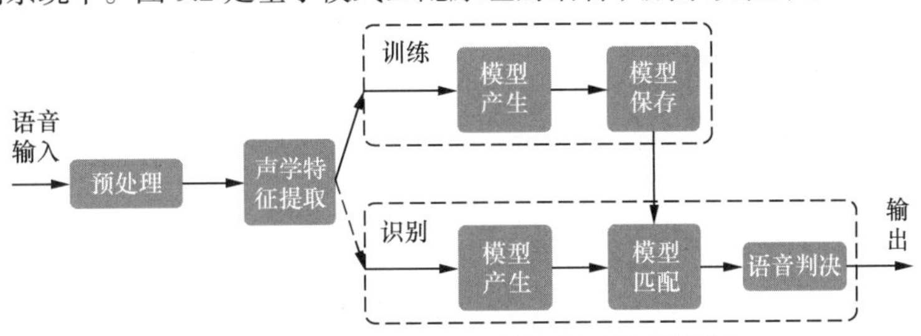

图 9.2　基于模式匹配原理的语音识别系统框架

语音识别系统的模型通常由声学模型和语言模型两部分组成。一个连续语音识别系统的语音识别过程大致可分为 5 步：预处理、声学特征提取、声学模型训练、语言模型训练和语音判决。

1. 预处理

预处理的功能是对输入的原始语音信号进行处理，滤掉其中不重要的信息以及背景噪声，并进行语音信号的端点检测（找出语音信号的始末）、语音分帧及预加重（提升高频部分）等操作。

2. 声学特征提取

声学特征提取用于去除语音信号中对于语音识别无用的冗余信息，保留能够反映语音本质特征的信息，并用一定的形式表示出来。目前较常用的声学提取特征的方法比较多，这些提取方法都是由频谱衍生出来的。声学特征提取的常用参数有线性预测倒谱系数（Linear Prediction Cepstrum Coefficient，LPCC）和梅尔频率倒谱系数（Mel Frequency Cepstrum Coefficient，MFCC）。

3. 声学模型训练

声学模型训练用于生成语音判决所需的声学模型。声学模型是语音识别系统的底层模型，是语音识别系统中最关键的部分之一。声学模型在识别语音时可以将待识别的语音的特征参数同已有的声学模型的特征参数进行匹配与比较，得到最佳识别结果。

4. 语言模型训练

语言模型训练用于生成语音判决所需的语言模型。

语音识别中的语言模型主要解决两个问题：一是如何使用数学模型来描述语音中词的语音结构；二是如何结合给定的语言结构和模式识别器形成识别算法。

语言建模能够有效地结合语言语法和语义的知识，描述词之间的内在关系，从而提高识别率，减小搜索范围。语言模型分为 3 个层次：字典知识、语法知识、句法知识。

5. 语音判决

语音判决是指使用解码技术进行语音识别。针对输入的语音信号，解码器根据已经训练好的声学模型、语言模型及字典建立一个识别网络，根据搜索算法在该网络中寻找最佳的一条路径，确定语音样本所包含的文字。语音解码是指在解码端通过搜索算法寻找最优词串的方法。

9.3 任务实施——语音识别技术实现与应用典型案例

下面我们体验讯飞开放平台的语音转文字功能。

（1）打开讯飞开放平台官方网站，在顶部导航栏“产品能力”下拉列表中选择任意一款“智能语音”产品，如“实时语音听写”，打开相应的页面，如图 9.3 所示。

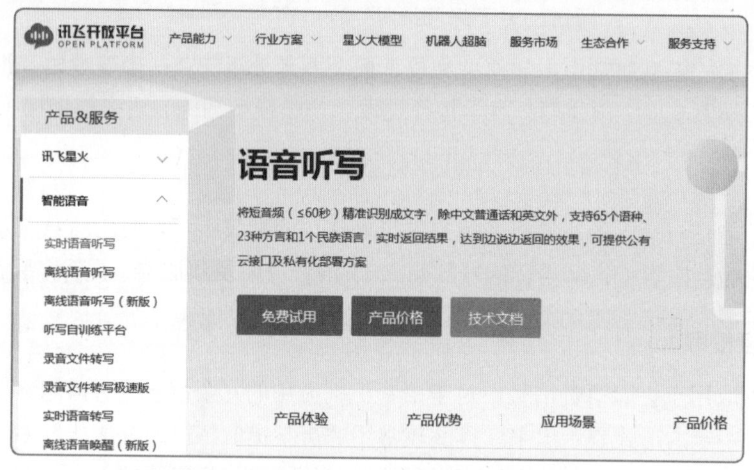

图 9.3 讯飞开放平台“实时语音听写”页面

（2）试用“实时语音听写”功能。

“实时语音听写”功能用于把时长小于或等于 60s 的语音转换成对应的文字信息，实时返回。

使用具有传声器的计算机，在“实时语音听写”页面的“产品体验”区域单击“开始识别”按钮，说话即可，如图 9.4 所示。可以先选择语言类别，再进行识别体验。

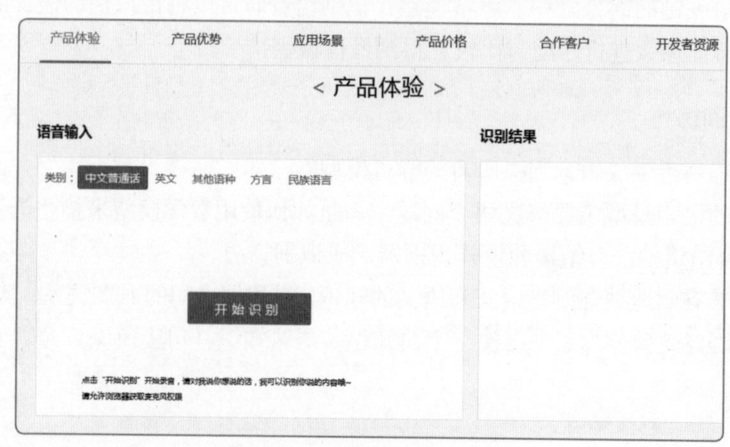

图 9.4 “实时语音听写”功能

9.4 知识拓展——语音识别相关主流技术

一段语音到底包含哪些信息呢？正常情况下，人听到一段语音之后，基本上就可以从这一段语音里判断出内容、语种、说话人、性别、年龄、情感等信息，相应的智能语音识别技术包括内容识别、语种识别、声纹识别、性别和年龄识别、语音情感识别等。下面介绍语种识别、声纹识别、语音情感识别、语音合成这几项与语音识别相关的主流技术。

9.3 语音识别技术实现

9.4.1 语种识别

语种识别可识别语音所属的语种，用户输入文本后，语种识别系统返回识别出的所属语种。

1. 语种识别系统框架

语种识别本质是一种语音信号模式识别，它由训练和识别两个阶段完成。从各种语言的训练语音中提取每种语言特征，建立参考模型并存储的过程称为训练阶段；从待识别语音中提取语言特征，依据参考模型进行比较和判决，对语音的语言种类进行判断的过程称为识别阶段。语种识别系统框架如图 9.5 所示。

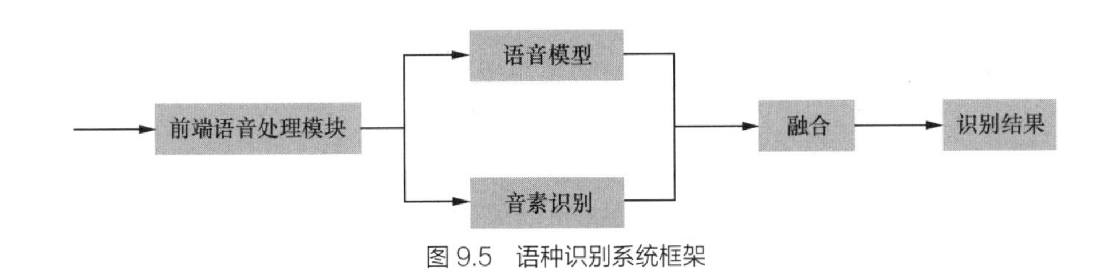

图 9.5 语种识别系统框架

2. 应用范围

语种识别应用领域十分广泛，机器翻译时，会先使用语种识别技术识别语种，再进行翻译。语种识别应用领域包括文档资料翻译、文章资讯阅读、外文网站翻译、外语学习查询、口语对话辅助、境外旅游服务等。

（1）文档资料翻译：对于合同、文件、资料、论文、邮件等文档类内容均可快速翻译。

（2）文章资讯阅读：适用于快速获取国外资讯、阅读外文文章或将已有内容快速发布为外文版本。

（3）外文网站翻译：查阅外文文献、论文等信息时，直接翻译外文网站可以有效提升访问效率。

（4）外语学习查询：基于权威词典数据库，针对小学、初中、高中、大学等多阶段外语学习提供帮助。

（5）口语对话辅助：针对日常口语对话句型长期训练，可用于对外实时交流、社交沟通等情境中。

（6）境外旅游服务：境外旅游时的吃饭点餐、酒店住宿、购物支付、交通出行、景点游览都可使用翻译服务。

9.4.2 声纹识别

判断一段语音的说话人信息就叫作声纹识别。声纹识别技术又称说话人识别技术，它是利用计算机系统自动完成说话人身份识别的一项智能语音核心技术。这种技术基于语音中所包含的说话人特有的信息，利用计算机及现在的信息识别技术，自动鉴别当前语音对应的说话人身份。

1. 声纹识别分类

（1）按照待识别语音的文本内容，声纹识别可以分为文本无关、文本相关和文本提示。

文本无关是指声纹识别系统对于语音文本内容没有任何要求，说话人的说话内容比较自由随意。而文本相关是指声纹识别系统要求用户必须按照事先指定的内容进行发音。文本相关的声纹识别的语音内容匹配性优于文本无关的，所以，文本相关声纹识别系统的性能一般也会较好，但需要用户配合。而文本无关的声纹识别系统使用较为灵活方便，因此它具有更好的推广性和适应性，适用于海量后台监控场景。

文本提示是指声纹识别系统从说话人的训练文本库中随机地抽取组合若干词汇，作为用户的发音提示。

（2）按照实际的应用范畴，声纹识别可以分为声纹辨认和声纹确认。

声纹辨认和声纹确认这两类的识别目标略有不同。声纹辨认是指判定待测试语音属于目标说话人模型集合中的哪一个人，是 1∶N 的选择问题。而声纹确认是确定待识别的一段语音是否来自其所声明的目标说话人，是 1∶1 的判决问题。

（3）按照说话人范围的不同，声纹识别又可以分为闭集识别和开集识别。

闭集识别是指待测试语音必定来自目标说话人集合中的某一位。开集识别是指待识别语音的发音者可能不是目标说话人集合中的任何一位。

2. 声纹识别系统基本框架

在注册阶段，对使用声纹识别系统的说话人预留充足的语音，并对不同说话人提取声纹表征，然后根据每个说话人的声纹表征训练得到对应的说话人声纹模型，再将全体说话人声纹模型集合在一起组成说话人声纹模型库。

注册完成之后是测试阶段。在测试阶段中对说话人进行识别认证时，声纹识别系统对识别语音进行相同的特征提取过程，并将提取的声纹表征与说话人声纹模型库进行对比，得到对应说话人声纹模型的相似度打分，最终根据打分判别说话人的身份。

声纹识别系统基本框架如图 9.6 所示。

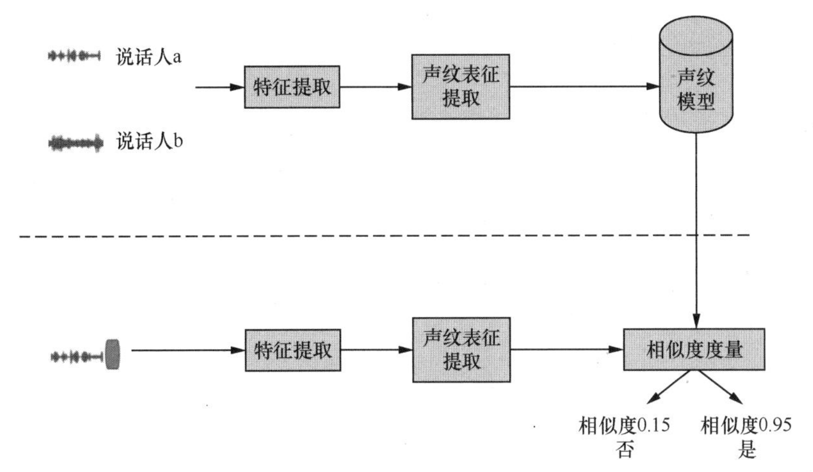

图 9.6　声纹识别系统基本框架

3. 应用案例

声纹识别可以应用在信贷风控反欺诈、提高风控质量、防止信贷欺诈等方面。

公安及司法机构提供声纹识别综合解决方案，采集和建立声纹特征数据库，进行 1∶1、1∶N 的声纹认证和识别。该综合解决方案可以用于精准打击、震慑各类基于通信的电信网络诈骗行为，缩小案件侦查范围，还可对重点人群进行有效动态监测，提高社会安全度。

9.4.3　语音情感识别

语音情感识别通常指机器从语音中自动识别人类情感和情感相关状态的过程。

1. 语音情感识别基本框架

语音信号首先通过语音预处理系统被转换为可读的多种物理特征（音高、能量等）。这些特征中会有一部分经过人为选择，被系统提取并输入到预先训练好的分类器中进行判别，最终由分类器输出情感状态。图 9.7 所示为语音情感识别基本框架。

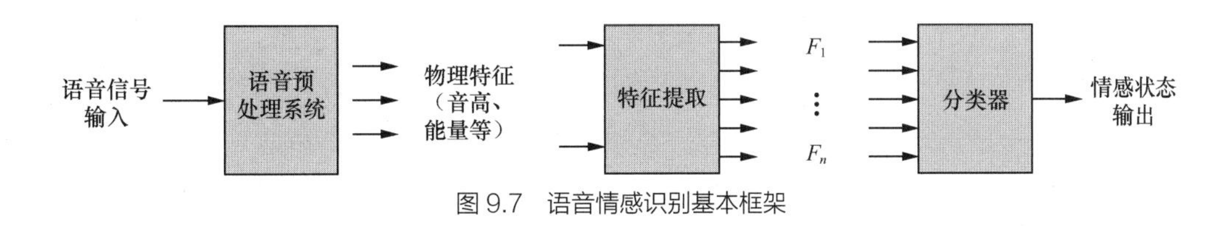

图 9.7　语音情感识别基本框架

2. 应用案例

针对自动化的语音客服容易引发用户不满的情况，日本电报电话公司研究所研发出一款客服电话情感识别系统。该系统可以对用户的电话语音进行收集处理，如果未检测到用户愤怒的情感，则继续当前的语音服务；而如果检测到愤怒的情感，则转为人工服务进行业务处理。

9.4.4 语音合成

语音合成技术是指通过机械的、电子的方法产生人造语音的技术。文本—语音转换（Text To Speech，TTS）技术属于语音合成技术，它是将计算机自己产生的或外部输入的文字信息转换为可以听得懂的、流利的口语输出的技术。

1. 语音合成基本框架

自20世纪90年代初以来，许多计算机操作系统都包含语音合成器。语音合成器的质量是由其合成的语音与人类声音的相似性和被清晰理解的程度来判断的。例如，一种可理解的TTS系统允许有视觉障碍或阅读障碍的人在家用计算机听书面文字。下面以TTS系统为例介绍语音合成的基本框架。

TTS系统由两部分组成：前端和后端。前端有两个主要任务。首先，它将包含数字和缩写等符号的原始文本转换为可以输出的单词，这个过程通常称为文本规范化、预处理或标记化。然后，前端为每个单词分配音标，并将文本划分和标记为韵律单位，如短语、子句和句子。将音标分配给单词的过程称为文本—音素转换或字母—音素转换。音标和韵律信息共同构成了前端输出的符号语言表征。后端通常被称为合成器，它将符号语言表征转换成声音。在某些TTS系统中，它用于计算目标韵律（音高轮廓、音素时长等），然后将其加到输出语音上。

2. 语音合成方法

（1）波形拼接语音合成。

波形拼接语音合成先通过波形编码压缩把以录音等方式得到的语音发音波形存储在声学模型中，合成重放时再解码组合输出。波形拼接语音合成流程如图9.8所示。

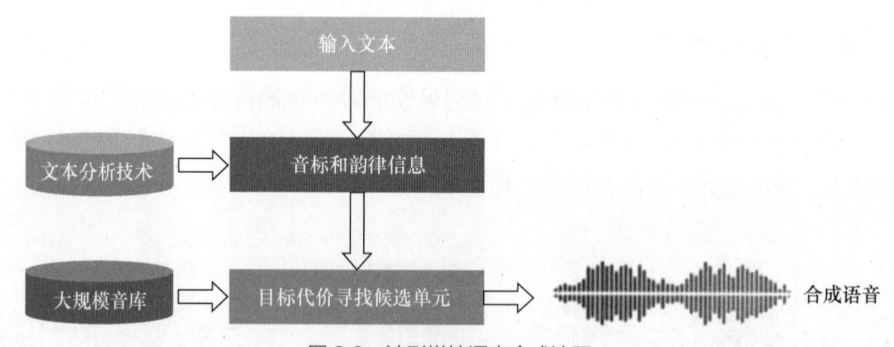

图9.8 波形拼接语音合成流程

优点：音质最佳，录音和合成语音的音质差异小，正常句子的自然度也好。

缺点：非常依赖音库的规模和制作质量，合成的语音数据量大，无法在嵌入式设备中应用，仍然存在拼接不连续的问题。

（2）参数语音合成。

对语音的频谱特性参数进行建模，生成参数合成器，构建文本序列映射到语音的映射关系，这种语音合成方法即参数语音合成，如图9.9所示。

优点：合成的语音数据量小，自然度好。

缺点：音质不如波形拼接语音合成。

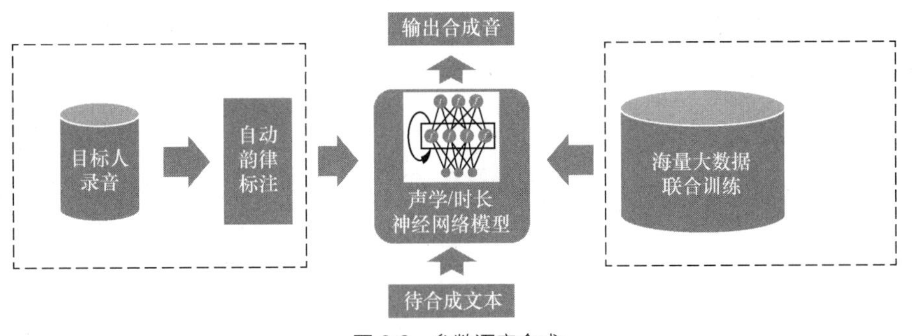

图 9.9　参数语音合成

3. 应用案例

语音合成技术可应用于以下方面。

（1）阅读资讯。语音合成的 TTS 技术可应用于读书、读报等产品客户端，提供自然的、有感情色彩的、个性化的语音合成服务。它有助于扩大产品用户群体，提升用户体验；有效提升用户使用时长和 App 活跃度；增加更多盈利方式，提升商业价值。

（2）智能客服回答。通过语音合成，客服机器人用语音回答用户问题，这样可以降低客服的人力资源投入，提高客户服务接待能力，减少客户等待时间。

（3）提示播报。通过语音合成进行语音播报、广播通知，这种便捷无障碍的信息提示方式彰显人性化服务理念，增强信息提示效果。

9.5　创新设计——设计智能语音灯

生活中，大家有时候比较累，不想手动关灯，那该怎么办呢？如果使用智能语音灯，只需对着手机说"开灯""关灯"，灯便会自动执行相关操作。

该过程一般是通过手机实现对语音的识别，然后手机通过蓝牙将命令发送到灯泡端，灯泡端根据接收的相关命令实现相应的操作。

根据以上提示，请进行实践探索，查阅资料并借助相关平台技术，设计属于自己的智能语音灯，写出设计方案即可。

9.6　小结

本项目引领读者学习了语音识别技术的相关概念、历史、应用与前景、挑战、框架等基础知识；通过讯飞开放平台的语音转文字案例，让读者更深刻地感受语音识别技术的魅力；拓展性地介绍了语音识别相关主流技术，让读者了解语种识别、声纹识别、语音情感识别、语音合成等内容。读者阅读完本项目后，可以对语音识别及其相关技术有系统的认识。

项目10 人工智能与无人驾驶

10

无人驾驶汽车也称为自动驾驶汽车，是指车辆能够依据自身对周围环境条件的感知、理解，自动进行运动控制，且能达到人类驾驶员驾驶水平的汽车。它依靠人工智能、视觉计算、雷达、监控装置和全球定位系统的协同合作，是一个集环境感知、规划决策、多等级辅助驾驶等功能于一体的综合系统，集中运用了计算机、现代传感、信息融合、通信、人工智能及自动控制等技术。

可用一句话来概述无人驾驶技术，即“通过多种车载传感器（如摄像头、激光雷达、毫米波雷达、定位系统、惯性传感器等）来识别车辆所处的周边环境和状态，并根据所获得的环境信息（包括道路信息、交通信息、车辆位置和障碍物信息等）自主做出分析和判断，从而控制车辆运动，最终实现无人驾驶”。本项目主要介绍无人驾驶的基本概念、路径规划，以及无人驾驶其他相关技术。

知识目标

- 掌握无人驾驶的基本概念。
- 掌握无人驾驶系统的核心。
- 了解无人驾驶路径规划。

技能目标

- 能够应用迪杰斯特拉算法。

素养目标

- 培养自主创新的意识。
- 培养安全意识。

10.1 任务引入

随着科技的发展，无人驾驶进入现代人的视野。2020 年，中华人民共和国交通运输部发布了《交通运输部关于促进道路交通自动驾驶技术发展和应用的指导意见》，提出“到 2025 年，自动驾驶基础理论研究取得积极进展，道路基础设施智能化、车路协同等关键技术及产品研发和测试验证取得重要突破”，这意味着无人驾驶将融入我们的生活。我们可以自定义导航，不用以人工驾驶的方式驶向目的地，甚至送外卖也不用人类完成，可由无人机、无人送餐车等实现。无人驾驶汽车的普及，可能会大幅减少交通事故，或许还能够帮助我们保护环境，因为无人驾驶汽车能够合理利用动能系统，从而提升燃料利用率，减少二氧化碳排放量。此外，无人驾驶汽车的普及也可能大幅减少交通拥堵问题，缓解停车难、行车慢的问题。因此，无人驾驶汽车的普及，会为现代生活带来极大的便利。

10.2 相关知识

10.2.1 无人驾驶基本概念

无人驾驶技术是传感器、计算机、人工智能、通信、导航定位、模式识别、机器视觉、智能控制等多种技术的综合体。无人驾驶基本概念主要包括传感器技术、定位、避障、识别和控制。

（1）传感器技术。无人驾驶汽车的出现很大程度上依赖传感器技术的进步。现在的无人驾驶汽车采用激光雷达直接感知路面状况，进行分析计算。

（2）定位。定位的目的就是确定车辆在高精度地图上的位置，它是让无人驾驶汽车找到自身确切位置的方法，对无人驾驶汽车来说非常重要。目前主要的定位系统有全球定位系统（Global Positioning System，GPS）、北斗卫星导航系统。GPS 应用较为广泛，技术也较为成熟，但目前民用 GPS 的精度还达不到无人驾驶汽车的要求。

（3）避障。无人驾驶中的避障是指车辆前方有障碍物，判断障碍物是运动的还是静止的，车辆应停下来还是绕过去。避障的关键在于传感器识别障碍，在车辆运动的前提下确定障碍物的运动状态。也就是说，无人驾驶系统要在运动的坐标系下，计算另一个物体相对于静止坐标系的速度，并做出判断。

（4）识别。人能轻易识别出道路上的交通标志，如限速牌、红绿灯，然后做出相应的反应，但这对于机器来说是一种挑战。目前的机器视觉技术还难以识别树木、行人、动物等物体，这些物体的识别都要通过视觉系统完成。在无人驾驶汽车上，不仅需要在有限的时间里将这些物体识别出来，并且还要考虑道路中可能存在的光线变化、遮挡等问题。要解决这些问题，需要等待机器视觉和图像识别领域的技术突破。

（5）控制。车辆控制是无人驾驶汽车最关键的挑战之一，包括轨迹规划和控制执行两个方面。无人驾驶汽车通过搭载先进的车载传感器、控制器和数据处理器、执行机构等装置，借助车联网等现代移动通信与网络技术完成交通参与物之间信息的互换与共享，实现在复杂行驶环境下的传感感知、决策规划、控制执行等功能，最终实现安全、高效、舒适和节能的自动或智能驾驶。

10.2.2 无人驾驶的历史与分级

1. 无人驾驶的历史

（1）国外无人驾驶的历史

国外无人驾驶的探索始于无线电遥控汽车。1925 年，Houdina 发明的无线电遥控汽车通过接收后方车辆的无线电信号，完成启动、转向、刹车、加速、按喇叭等操作并自动行驶一段距离，虽然它并不是真正的无人驾驶，但让这个概念为人所知。1939 年，通用汽车公司在世界博览会上提出电子化高速公路的概念，通过嵌入公路的电子设备发出信号，实现车辆加速和转向的自动控制，不过这一概念并未实现。

20 世纪 60 年代至 20 世纪 80 年代，随着计算机视觉技术的迅猛发展，无人驾驶发展到新的阶段。1966 年到 1972 年间，美国斯坦福研究所成功研制了世界上第一个真正可移动和感知的机器人 Shakey。Shakey 装备了电视摄像机、三角法测距仪、碰撞传感器、驱动电机及编码器，由两台计算机通过无线通信系统控制，具备一定的人工智能，能够自主进行感知、环境建模、行为规划和控制，这成了后来机器人和无人驾驶的通用框架。1977 年，日本筑波工程研究实验室开发出了第一个基于摄像头检测导航信息的无人驾驶汽车，这是所知的最早开始使用视觉设备进行无人驾驶的尝试。

20 世纪 80 年代至 20 世纪 90 年代，伴随着计算机、机器人控制和传感等技术的突破，无人驾驶技术进入了一个快速发展的阶段。这一阶段的显著特点是军方、大学、汽车企业间开展了广泛的合作，成功研发了多辆无人驾驶汽车原型。比较具有代表性的成果有美国卡内基梅隆大学的 NavLab 系列、德国慕尼黑联邦国防军大学的 VaMORs（P）系列和意大利帕尔马大学视觉实验室（VisLab）的 ARGO 项目。

（2）国内无人驾驶的历史

20 世纪 80 年代，我国成立了“遥控驾驶的防核化侦察车”项目，哈尔滨工业大学、中国科学院沈阳自动化研究所和国防科技大学 3 家单位参与了该项目的研究。“八五”期间，北京理工大学、国防科技大学等 5 家单位成功联合研制了 ATB-1 无人驾驶汽车，这是中国第一辆能够自主行驶的测试样车，其行驶速度可以达到 21km/h。ATB-1 的诞生标志着中国无人驾驶行业正式起步并进入探索期，无人驾驶技术的研发正式启动。

从 1991 年开始，我国无人驾驶技术逐渐有了新的突破，无人驾驶汽车速度进一步提升。2005 年，我国成功研制了 ATB-3 型的无人驾驶汽车，该车能够实时感知周边环境。

2009 年，我国举办首个无人驾驶智能车比赛“中国智能车未来挑战赛”，多所大学和研究机构的无人驾驶汽车参赛，这对于无人驾驶汽车的发展起到了重要的作用。

近几年，国内外各大科技公司也都竞相投入资金，加大对无人驾驶汽车的研发。无人驾驶场景如图 10.1 所示。

图 10.1　无人驾驶场景

2. 无人驾驶的分级

为了应对汽车主动安全技术的爆发式增长，2013 年，美国国家公路交通安全管理局（National Highway Traffic Safety Administration，NHTSA）率先发布了汽车自动化的 5 级标准，将汽车驾驶自动化分为无自动化、特定功能自动化、组合功能自动化、有条件自动化和完全自动化 5 个等级。2014 年，国际自动机工程师学会（SAE International）制订了汽车驾驶自动化的 6 级标准，定义了无自动化（0 级）、辅助驾驶（1 级）、部分模块自动化（2 级）、特定条件下自动化（3 级）、高度自动化（4 级）、全自动化（5 级）6 个级别的驾驶自动化。我国于 2021 年发布的《汽车驾驶自动化分级》（GB/T 40429—2021）明确了驾驶自动化的 6 级标准，具体如下。

（1）0 级驾驶自动化（应急辅助）。0 级驾驶自动化系统不能持续执行动态驾驶任务中的车辆横向或纵向运动控制，但具备持续执行动态驾驶任务中的部分目标和事件探测与响应的能力。

（2）1 级驾驶自动化（部分驾驶辅助）。1 级驾驶自动化系统在其设计运行条件下持续地执行动态驾驶任务中的车辆横向或纵向运动控制，且具备与所执行的车辆横向或纵向运动控制相适应的部分目标和事件探测与响应的能力。

（3）2 级驾驶自动化（组合驾驶辅助）。2 级驾驶自动化系统在其设计运行条件下持续地执行动态驾驶任务中的车辆横向和纵向运动控制，且具备与所执行的车辆横向和纵向运动控制相适应的部分目标和事件探测与响应的能力。

（4）3 级驾驶自动化（有条件自动驾驶）。3 级驾驶自动化系统在其设计运行条件下持续地执行全部动态驾驶任务。

（5）4 级驾驶自动化（高度自动驾驶）。4 级驾驶自动化系统在其设计运行条件下持续地执行全部动态驾驶任务并自动执行最小风险策略。

（6）5 级驾驶自动化（完全自动驾驶）。5 级驾驶自动化系统在任何可行驶条件下持续地执行全部动态驾驶任务并自动执行最小风险策略。

驾驶自动化等级与划分要素的关系如表 10.1 所示。

表10.1　驾驶自动化等级与划分要素的关系

分级	名称	持续的车辆横向和纵向运动控制	目标和事件探测与响应	动态驾驶任务后援	设计运行范围
0级	应急辅助	驾驶员	驾驶员和系统	驾驶员	有限制
1级	部分驾驶辅助	驾驶员和系统	驾驶员和系统	驾驶员	有限制
2级	组合驾驶辅助	系统	驾驶员和系统	驾驶员	有限制
3级	有条件自动驾驶	系统	系统	动态驾驶任务后援用户（执行接管后成为驾驶员）	有限制
4级	高度自动驾驶	系统	系统	系统	有限制
5级	完全自动驾驶	系统	系统	系统	无限制

10.2.3　无人驾驶系统的核心

无人驾驶系统的核心可分为感知层、规划层和控制层。

1. 感知层

感知是指无人驾驶系统从环境中收集信息并从中提取相关知识的能力。其中，环境感知特指对于环境的场景理解能力，例如障碍物位置检测、道路标志检测、行人车辆检测等。

（1）环境感知

为了确保无人驾驶汽车对环境的理解和把握，无人驾驶系统的环境感知部分通常需要获取周围环境的大量信息，具体来说包括障碍物的位置、速度及可能的行为，可行驶的区域，交通规则等。无人驾驶汽车通常通过融合激光雷达、毫米波雷达等多种传感器的数据来获取这些信息。

激光雷达是一类使用激光进行探测和测距的设备，它能够每秒向环境发送数百万光脉冲，它的内部是一种旋转的结构，这使激光雷达能够实时地建立起周围环境的三维地图。通常来说，激光雷达以 10Hz 左右的频率对周围环境进行旋转扫描，其扫描一次的结果为由密集的点构成的三维图，每个点具备 (x, y, z) 信息，这个图被称为点云图。图 10.2 所示是使用 Velodyne VLP-32c 激光雷达建立的点云图。

10.1　无人驾驶系统设计

图 10.2　使用 Velodyne VLP-32c 激光雷达建立的点云图

激光雷达因其可靠性目前仍是无人驾驶系统中最重要的传感器之一，然而，在现实使用场景中，激光雷达并不是完美的。它往往存在点云过于稀疏，甚至丢失部分点的问题。对于不规则的物体表面，使用激光雷达很难辨别，在诸如大雨天气这类情况下，激光雷达也无法使用。

点云是某个坐标系下的点的数据集，可以通过三维激光扫描仪进行数据采集获取点云数据，还可以通过三维模型来计算获取点云。通常，我们对点云数据进行两步操作：分割和分类。其中，分割是为了将点云图中离散的点聚类成若干个整体，而分类则是为了区分出这些整体属于哪一个类别（比如行人、车辆及障碍物）。分割可以采用如下几类方法。

- 基于边的方法，如梯度过滤等。这类方法使用区域特征对邻近点进行聚类，聚类的依据是一些指定的标准。这类方法通常先在点云中选取若干种子点，然后使用指定的标准从这些种子点出发对邻近点进行聚类。
- 参数方法。这类方法使用预先定义的模型拟合点云，常见的有随机样本一致性方法和霍夫变换。
- 基于属性的方法。这类方法首先计算每个点的属性，然后对属性相关联的点进行聚类。

在完成了点云的目标分割以后，分割出来的目标需要被正确分类，在这个环节中，一般使用机器学习中的分类算法（如支持向量机算法）对聚类的特征进行分类。最近几年由于深度学习的发展，业界开始使用特别设计的卷积神经网络对三维的点云聚类进行分类。无论是基于提取特征的支持向量机的方法还是基于原始点云的卷积神经网络的方法，都是基于点云的分类方法。然而，由于激光雷达扫描的点云本身解析度低，对于反射点稀疏的目标（比如行人），基于点云的分类方法并不可靠，所以在实践中我们往往融合使用相机和激光雷达，利用相机的高分辨率对目标进行分类，利用激光雷达的可靠性对障碍物进行检测和测距，结合两者的优点完成环境感知。

在无人驾驶系统中，我们通常使用图像视觉来完成道路的检测和道路上目标的检测。

道路的检测包含对车道线的检测、可行驶区域的检测。车道线的检测涉及两个方面：第一是识别出车道线，对于弯曲的车道线，计算其曲率；第二是确定车辆自身相对于车道线的偏移，即无人驾驶汽车自身在车道线的哪个位置。可抽取一些车道的特征，包括边缘特征（通常是求梯度，如索贝尔算子）、车道线的颜色特征等，使用多项式拟合可能表示车道线的像素，然后基于多项式及当前相机在车上挂载的位置确定前方车道线的曲率和车辆相对于车道线的偏移。目前可行驶区域的检测的一种做法是采用深度神经网络直接对场景进行分割，即通过训练一个逐像素分类的深度神经网络，完成对图像中可行驶区域的切割。

道路上目标的检测包含对其他车辆的检测、行人检测、交通标志和信号的检测等所有交通参与者的检测。

（2）定位

在无人驾驶汽车感知层，定位的重要性不言而喻。无人驾驶汽车需要知道自己相对于环境的确切位置，这里的定位不能存在超过 10cm 的误差。试想，如果无人驾驶汽车定位误差为 30cm，那么无论是对行人还是对乘客而言，都将是非常危险的，因为无人驾驶的规划层和执行层并不知道它存在 30cm 的误差，它们仍然按照定位精准的前提来做出决策和控制，那么对某些情况做出的决策就是错的，从而可能造成事故。由此可见，无人驾驶汽车需要高精度的定位。

目前使用广泛的无人驾驶汽车定位方法是融合 GPS 和惯性导航系统（Inertial Navigation

System，INS）的定位方法，其中，GPS 的定位精度在数十米级到厘米级之间，高精度的 GPS 传感器价格也相对昂贵。融合 GPS 和 INS 的定位方法在 GPS 信号缺失、微弱的情况下（如在地下停车场、周围均为高楼的市区等）无法做到高精度定位，因此只适用于部分场景的无人驾驶任务。

地图辅助类定位算法是另一类广泛使用的无人驾驶汽车定位方法。同时定位与地图构建（Simultaneous Localization and Mapping，SLAM）是地图辅助类定位算法的代表，目标是构建地图的同时使用地图进行定位。SLAM 通过利用已经观测到的环境特征确定当前车辆的位置以及当前观测特征的位置，这是一个利用以往的经验和当前的观测来估计当前位置的过程，实践上我们通常使用贝叶斯滤波器来完成，具体来说包括卡尔曼滤波器、扩展卡尔曼滤波器及粒子滤波器等。

SLAM 是机器人定位领域的研究热点，在无人驾驶汽车开发过程中使用 SLAM 定位却存在问题。不同于机器人，无人驾驶汽车的运动是长距离的、环境开放的。在长距离的运动中，随着距离的增大，SLAM 定位的偏差也会逐渐增大，从而造成定位失败。在实践中，一种有效的无人驾驶汽车定位方法是改变原来 SLAM 中的扫描匹配算法，具体来说，就是我们不再在定位的同时制图，而事先使用传感器（如激光雷达）对区域构建点云图，通过程序和人工的处理将一部分"语义"（例如车道线的具体标注、路网、红绿灯的位置、当前路段的交通规则等）添加到地图中，这个包含语义的地图就是无人驾驶汽车的高精度地图。在实际定位的时候，使用当前激光雷达扫描的点云图和事先构建的高精度地图进行点云匹配，确定无人驾驶汽车在地图中的具体位置，这类方法被统称为扫描匹配方法。扫描匹配方法较为常见的是迭代最近点法，它基于当前扫描结果和目标扫描结果的距离度量来完成点云配准。除此以外，正态分布变换也是进行点云配准的常用方法，它基于点云特征直方图来实现配准。基于点云配准的定位方法能实现 10cm 以内的定位精度。虽然点云配准能够给出无人驾驶汽车相对于地图的全局定位，但是这类方法过于依赖事先构建的高精度地图，并且在开放的路段下仍然需要配合 GPS 定位使用，在场景相对单一的路段（如高速公路），使用 GPS 加点云配准的方法相对来说成本过高。

2. 规划层

规划是无人驾驶汽车为了某一目标而做出一系列有目的性的决策的过程。对于无人驾驶汽车而言，规划通常包含如何从出发地行驶到目的地，如何避开障碍物，以及如何不断优化驾驶轨迹和行为以保证乘客的安全。无人驾驶系统的规划层通常又被细分为任务规划、行为规划和动作规划 3 层。

（1）任务规划

任务规划通常也被称为路径规划或者路由规划，其负责相对顶层的路径规划，例如起点到终点的路径选择。

我们可以把当前的道路系统处理成有向网络图，有向网络图能够表示道路和道路之间的连接情况、道路的通行规则和路宽等各种信息。这种有向网络图也被称为路网图。

路网图中的每一个有向边都是带权重的，那么，无人驾驶汽车的路径规划问题就变成了在路网图中，为了让车辆从 A 地到 B 地，基于某种方法选取最优路径的问题，即有向图搜索问题。传统的算法，如迪杰斯特拉算法和 A* 算法，主要用于计算离散图的最优路径，以及搜索路网图中损失最小的路径。

（2）行为规划

行为规划也称为决策制订，主要的任务是按照任务规划的目标和当前的局部情况（其他的车辆和行人的位置和行为、当前的交通规则等），做出下一步无人驾驶汽车应该执行的决策。可以把行为规划层理解为车辆的副驾驶，可以依据目标和当前的交通情况指挥驾驶员是跟车还是超车，是停车等行人通过还是绕过行人等。

目前无人驾驶汽车采用的主流行为决策方法是有限状态机。不过，有限状态机仍然存在着很大的局限性：要实现复杂的行为决策，需要人工设计大量的状态；车辆有可能陷入有限状态机没有考虑过的状态；如果有限状态机没有设计死锁保护，车辆可能陷入某种死锁。

（3）动作规划

通过规划一系列的动作以达到某种目的（比如规避障碍物）的处理过程被称为动作规划。通常来说，考量动作规划算法的性能使用两个指标：计算效率和完整性。所谓计算效率，即完成一次动作规划的处理效率。动作规划算法的计算效率在很大程度上取决于配置空间。如果一个动作规划算法能够在问题有解的情况下在有限时间内返回一个解，并且能够在无解的情况下返回无解，那么我们称该动作规划算法是完整的。

配置空间指定义了无人驾驶汽车所有可能配置的集合。它定义了无人驾驶汽车所能够运动的维度。无人驾驶汽车的配置空间可以非常复杂，这取决于所使用的运动规划算法。

在引入了配置空间的概念以后，无人驾驶汽车的动作规划就变成了在给定一个初始配置、一个目标配置及若干的约束条件的情况下，在配置空间中找出一系列的动作到达目标配置，这些动作的执行结果就是将无人驾驶汽车从初始配置转移至目标配置，同时满足约束条件。在无人驾驶汽车这个应用场景中，初始配置通常是无人驾驶汽车的当前状态（当前的位置、速度和角速度等），目标配置则来源于动作规划层的上一层——行为规划层，而约束条件则是车辆的运动限制（最大转角幅度、最大加速度等）。

显然，在高维度的配置空间来进行动作规划的计算量是非常大的，为了确保动作规划算法的完整性，我们不得不搜索几乎所有的可能路径，这就形成了连续动作规划中的“维度灾难”问题。目前动作规划算法中解决该问题的核心理念是将连续空间模型转换成离散空间模型，具体的方法可以归纳为两类：组合规划方法和基于采样的规划方法。

组合规划方法通过连续的配置空间找到路径，无须借助近似值。由于这个特性，组合规划方法也被称为精确算法。组合规划方法可以通过对规划问题建立离散表示来找到完整的解，也可以采用网格分解方法，在将配置空间网格化后，使用离散图搜索算法（如 A* 算法）找到一条优化路径。

基于采样的规划方法由于其概率完整性而被广泛使用，常见的有概率路线图方法（Probabilistic Roadmap Method，PRM）、快速遍历随机树（Rapidly-Exploring Random Tree，RRT）、快速行进树（Fast Marching Tree，FMT）。

3. 控制层

控制是指无人驾驶汽车精准地执行规划好的动作，这些动作来源于更高层。

控制层作为无人驾驶系统的最底层，其任务是实现我们规划好的动作。控制层的评价指标即控制的精准度。控制系统内部会存在测量模块，控制器通过比较车辆的测量状态和我们预期的状态输出控制动作，这一过程被称为反馈控制。

反馈控制被广泛地应用于自动化控制领域。比较典型的反馈控制器当属比例 - 积分 - 微分

（Proportion Integration Differentiation，PID）控制器，PID 控制器的控制原理是基于一个输入的误差信号进行比例、积分、微分等运算，以运算结果控制输出。这个误差信号由 3 项构成：误差的比例、误差的积分和误差的微分。PID 控制器因其实现简单、性能稳定，目前仍然是工业界使用最广泛的控制器之一。但是作为纯反馈控制器，PID 控制器在无人驾驶汽车控制中存在一定的问题：PID 控制器是单纯基于当前误差反馈的，制动机构的延迟性会给控制本身带来延迟，而由于内部不存在系统模型，故 PID 控制器不能对延迟建模。为了解决这一问题，我们引入模型预测控制（Model Predictive Control，MPC）方法。该方法有以下几个基本组成部分。

• 预测模型：基于当前的状态和控制输入预测未来一段时间的状态的模型，在无人驾驶系统中，通常是指车辆的运动学 / 动力学模型。

• 反馈校正：对模型施加反馈校正的过程，使预测控制具有很强的抗扰动和克服系统不确定性的能力。

• 滚动优化：滚动地优化控制序列，以得到和参考轨迹最接近的预测序列。

• 参考轨迹：设定的轨迹。

图 10.3 表示模型预测控制的基本结构。由于模型预测控制基于运动模型进行优化，在 PID 控制器中面临的控制延时问题可以在建立模型时考虑进去，所以模型预测控制在无人驾驶汽车控制领域中具有很高的应用价值。

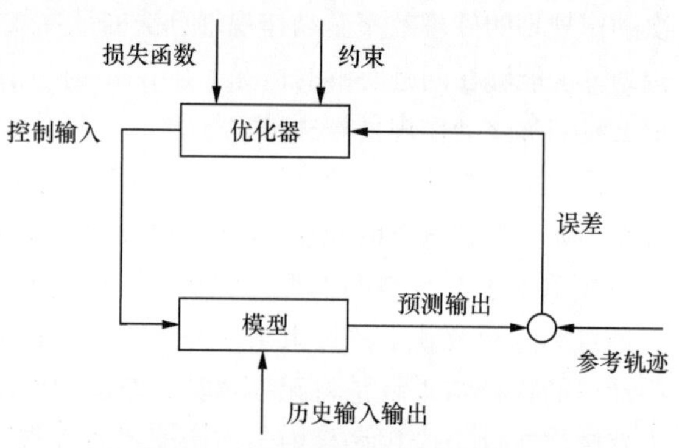

图 10.3 模型预测控制的基本结构

10.2.4 无人驾驶路径规划

图 10.4 所示为一个无人驾驶汽车的简易系统框图。

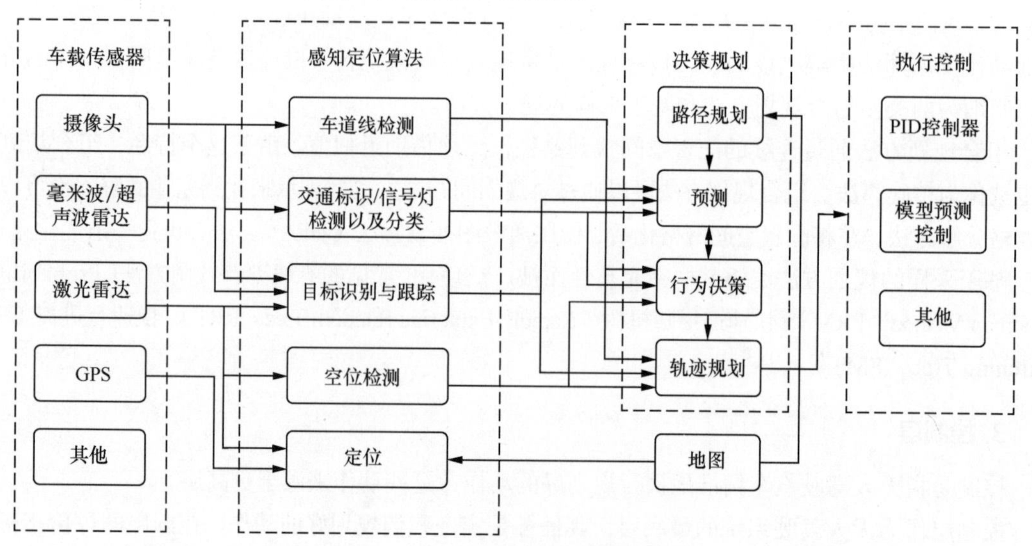

图 10.4 无人驾驶汽车的简易系统框图

无人驾驶系统中普遍运用路径规划。无人驾驶汽车路径规划是指在一定的环境模型基础上，给定无人驾驶汽车起始点和目标点后，按照性能指标规划出一条无碰撞、能安全到达目标点的有效路径。

路径规划主要包含两个步骤：一是建立包含障碍区域与自由区域的环境地图；二是在环境地图中选择合适的路径搜索算法，快速实时地搜索可行驶路径。路径规划结果对车辆行驶起着导航作用，它引导车辆从当前位置行驶到目标位置。

下面我们介绍无人驾驶汽车的路径规划过程。

首先，无人驾驶汽车通过摄像头、雷达之类的传感器来感知外部的信息，借助 GPS 导航设备、惯性测量装置（Inertial Measurement Unit，IMU）等来确定车在地理上的绝对位置及姿态。

其次，环境感知及定位算法会将收集到的原始数据进行分步处理。环境感知方面，通过诸如传统的机器视觉或者深层神经网络等来对车道线、障碍物、交通标识等进行分类识别以及追踪；当然也有相应的定位算法（如卡尔曼滤波）来提升从定位设备获取的车辆位置及姿态的可靠性与准确性。环境感知方面，目前感知融合比较火热，原因在于各个单一信息源给予的数据存在各自的不足，而将这些数据做融合处理，不仅符合我们对系统的冗余要求，还可以提升系统的健壮性。环境感知及定位算法将来自传感器的数据进行一定处理的过程，本质上就是做了现实到数学时空的提取及映射。这些经过提炼后的更精细的数据，方便我们进一步地进行功能开发。目前环境感知和定位算法方面还存在许多技术瓶颈，比如精度不高、无法在全场景下使用等。

最后，路径规划模块会根据高精度地图以及车辆当前位置规划出一条能抵达目标点且时空最优的全局道路序列。此时主要发挥作用的就是路径规划算法。

10.3 任务实施——无人驾驶路径算法实现

迪杰斯特拉算法是荷兰科学家迪杰斯特拉（E.W.Dijkstra）于 1959 年提出的寻路算法，是目前公认的比较好的求解最短路径的方法。它在无人驾驶路径规划问题中有很强的实用性。

1. 迪杰斯特拉算法基本思想

10.2 无人驾驶算法设计

通过迪杰斯特拉算法求解最短路径问题时，需要指定起点 D（即从顶点 D 开始计算）。此外引进两个集合 S 和 U。S 的作用是记录已求出最短路径的顶点（包括相应的最短路径长度），而 U 则记录还未求出最短路径的顶点（包括起点 D 仅经过集合 S 中的顶点到该顶点的最短距离）。初始时，集合 S 中只有起点 D；集合 U 中是除起点 D 之外的顶点，并且记录起点 D 仅经过集合 S 中的顶点到该顶点的最短距离（即起点 D 到集合 U 中与起点 D 直接连接的顶点的距离）。然后，从集合 U 中找出记录的距离值最小的顶点，并将其加入集合 S 中；接着，更新集合 U 中的顶点和各顶点对应的距离值。再次从集合 U 中找出到上一个顶点距离值最小的顶点，并将其加入集合 S 中；更新集合 U 中的顶点和各顶点对应的距离值。重复该操作，直到将所有顶点加入集合 S 中。

2. 迪杰斯特拉算法实现步骤

我们以计算顶点 D 到各个顶点的最短距离为例来讲解算法实现。图 10.5 显示了顶点 $A \sim G$ 彼此间的距离。

起点为 D，设置集合 S 记录已求出最短路径的顶点（包括相应的最短路径长度），设置集合 U 记录还未求出最短路径的顶点（包括起点 D 仅经过集合 S 中的顶点到其顶点的最短距离）。

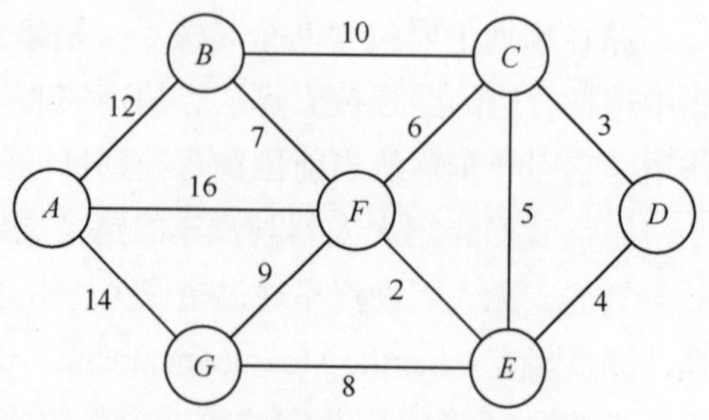

图 10.5　顶点 $A \sim G$ 彼此间的距离

第 1 步：初始时，$S=\{D(0)\}$（圆括号中的数字表示相应的最短路径长度），U 中包括除 D 之外的所有顶点。我们看与 D 直接连接的顶点，分别为 C、E，用 dis[C] 表示 D 到 C 的最短距离，则 dis[C]=3，类似地，dis[E]=4，则 $U=\{C(3), E(4), F(*), G(*), B(*), A(*)\}$。其中，圆括号里面的数字表示起点 D 仅经过集合 S 中的顶点到该顶点的最短距离，* 表示未知数，也可以视为无穷大。

第 2 步：在集合 U 中，dis[C] 的值 3 最小，将集合 U 中的顶点 C 加入集合 S 中，$S=\{D(0), C(3)\}$。接着我们看与 C 直接连接的顶点（不包括已经在集合 S 中的顶点），分别为 B、E、F。dis[B]=dis[C]+dis[C−B]=3+10=13，集合 U 中该值更新；dis[F]=dis[C]+dis[C−F]=3+6=9，集合 U 中该值更新；dis[E]=dis[C]+dis[C−E]=3+5=8>4（集合 U 中原来的值），集合 U 中该值不更新。此时 $U=\{E(4), F(9), G(*), B(13), A(*)\}$。

第 3 步：在集合 U 中，dis[E] 的值 4 最小，将集合 U 中的顶点 E 加入集合 S 中，$S=\{D(0), C(3), E(4)\}$。此时看与 E 直接连接的顶点（不包括已经在集合 S 中的顶点），分别为 F、G。dis[F]=dis[E]+dis[E−F]=4+2=6<9（集合 U 中原来的值），集合 U 中该值更新；dis[G]=dis[E]+dis[E−G]=4+8=12，集合 U 中该值更新。此时 $U=\{F(6), G(12), B(13), A(*)\}$。

第 4 步：在集合 U 中，dis[F] 的值 6 最小，将集合 U 中的顶点 F 加入集合 S 中，$S=\{D(0), C(3), E(4), F(6)\}$。此时看与 F 点直接连接的顶点（不包括已经在集合 S 中的顶点），分别为 B、A、G。dis[B]=dis[F]+dis[F−B]=6+7=13，与集合 U 中原来的值相等，集合 U 中该值不更新；dis[A]=dis[F]+dis[F−A]=6+16=22，集合 U 中该值更新；dis[G]=dis[F]+dis[F−G]=6+9=15>12（集合 U 中原来的值），集合 U 中该值不更新，此时 $U=\{G(12), B(13), A(22)\}$。

第 5 步：在集合 U 中，dis[G] 的值 12 最小，将集合 U 中的顶点 G 加入集合 S 中，$S=\{D(0), C(3), E(4), F(6), G(12)\}$。此时看与 G 直接连接的顶点（不包括已经在集合 S 中的顶点），只有 A。dis[A]=dis[G]+dis[G−A]=12+14=26>22（集合 U 中原来的值），集合 U 中该值不更新。此时 $U=\{B(13), A(22)\}$。

第 6 步：在集合 U 中，dis[B] 的值 13 最小，将集合 U 中的顶点 B 加入集合 S 中，$S=\{D(0), C(3), E(4), F(6), G(12), B(13)\}$。此时看与 B 点直接连接的点（不包括已经在集合 S 中的顶点），只有 A。dis[A]=dis[B]+dis[B−A]=13+12=25>22（集合 U 中原来的值），集合 U 中该值不更新。此时 $U=\{A(22)\}$。

第 7 步：因为在集合 U 中只剩下顶点 A，dis[A] 最小，将集合 U 中的顶点 A 加入集合 S 中，$S=\{D(0), C(3), E(4), F(6), G(12), B(13), A(22)\}$。此时所有的点都已经在集合 S 中，其中数值即为顶点 D 到各个顶点的最短距离。

10.4 知识拓展——无人驾驶其他相关技术

无人驾驶还涉及其他前沿技术，比如在进行驾驶测试前需要进行的仿真测验所涉及的仿真技术，以及在进行路径规划时借助高精度地图信息所涉及的高精度地图生成技术，下面着重介绍这两个技术。

10.4.1 无人驾驶仿真

当我们为无人驾驶开发出新算法时，需要先通过仿真对此算法进行全面测试，测试通过之后才进入真车测试环节。真车测试的成本高昂并且迭代周期漫长，因此仿真测试的全面性和正确性对降低生产成本和缩短生产周期尤为重要。

在仿真测试环节，我们通过机器人操作系统（Robot Operating System，ROS）节点（Node）回放真实采集的道路交通情况，模拟真实的驾驶场景，完成对算法的测试。如果没有云平台的帮助，单机系统耗费数小时才能完成一个场景下的模拟测试，不但耗时，而且测试覆盖面有限。

在云平台中，Spark（一种开源的通用并行计算框架）管理着分布式的多个计算节点，在每一个计算节点中，都可以部署一个场景下的 ROS 节点回放模拟。在无人驾驶物体识别测试中，单服务器需耗时 3h 完成算法测试，如果使用 8 机 Spark 集群，则时间可以缩短至 25min。

仿真系统是整个仿真体系中承上启下的部分。它播放仿真场景，测试研究对象，通过仿真数据接口提供被测对象的运行表现数据。仿真系统是当之无愧的仿真体系核心。仿真系统能进行仿真工作，只代表了构建仿真体系的下限，而在实际应用工作中，仿真系统的性能决定整个仿真体系的上限。

10.4.2 高精度地图生成

高精度地图也称为自动驾驶地图、高分辨率地图，是面向无人驾驶汽车的一种新的地图数据范式。

高精度地图的优点有以下几个。

1. 高精度地图可以自定位

高精度地图可以通过地图中的特征自定位。自定位既需要地图中的数据支持，也需要外部的传感器等的支持。而自定位中的定位匹配算法比 GPS 定位算法更为复杂，是无人驾驶技术中所需要解决的难题之一。

2. 高精度地图是三维的

高精度地图除了需要能自定位，同时需要还原真实的世界，不仅仅需要认清车道线，也需要识别路肩、隧道桥洞等信息，因此必须是三维的。

3. 高精度地图的构建需要“众包”

高精度地图需要极高的更新频率。高精度地图需要采集数据的专业车辆作为专业数据输入源。每一个无人驾驶汽车也可以说是数据输入源，因为无人驾驶汽车的地图自定位同地图采集是相通的，基于此，高精度地图可以获得更精准的高精度地图数据。

我们可以使用 Spark 生成高精度地图。Spark 具有天然的内存计算的特性，在作业运行过程中产生的中间数据都存储在内存中，在整个地图生成作业提交之后，不同阶段产生的大量数据不需要使用磁盘存储，数据访问速度加快，从而极大提高了高精度地图生成的效率。

10.5 创新设计——无人驾驶对未来的改变

在当今信息时代，无人驾驶对人类生活的影响有哪些？无人驾驶技术给人工智能的发展会带来怎样的契机？

你所认识的无人驾驶技术，是否可以应用到你现在的专业领域？它还能应用到哪些领域？无人驾驶汽车如果发生交通事故，应由谁负责？请针对以上问题编写报告。

10.6 小结

本项目通过介绍无人驾驶的基本概念，让读者初步认识无人驾驶技术，降低读者对无人驾驶技术的陌生感；系统全面地介绍了无人驾驶路径算法实现、无人驾驶其他相关技术，帮助读者建立对无人驾驶相关领域技术的系统认识。

项目11 人工智能与区块链

11

区块链是信息技术领域的术语。区块链技术奠定了坚实的“信任”基础,创造了可靠的“合作”机制，具有广阔的应用前景。人工智能与区块链结合可以使许多产业产生重大变化，极大地提高生产生活效率。

知识目标

- 掌握区块链的概念。
- 了解区块链的分类。
- 掌握非对称加密算法。

技能目标

- 能够完成迅雷链合约开发入门实践。
- 能够进行区块链的创意应用设计。

素养目标

- 培养安全意识。
- 培养劳动精神。

11.1 任务导入

假如要在网上购物平台上买一部手机，会经历这样的交易流程：将钱打给平台→平台收款后通知卖家发货→卖家发货→确认收货→平台把钱打给卖家，这是一个中心化的集中式交易模式。

11.1 人工智能与区块链

在中心化的集中式交易模式中，虽然买家是在和卖家交易，但是这笔交易还涉及除了买家和卖家的第三方，即平台，买家和卖家的交易都围绕平台展开。如果平台出了问题，很有可能造成这笔交易失败。并且虽然买家只是简单地购买商品，但是买家和卖家都要向平台提供多余的信息。考虑极端情况，如果平台破产或者拿了钱却不承认买家的交易，那么将会对买家和卖家都造成极大的损失。

区块链这种去中心化的处理方式就显得简单很多，买家和卖家只需交换钱和手机，然后双方都承认这笔交易，就算交易成功。可以看出在某些特定情况下，去中心化的处理方式会更便捷，同时无须担心自己的信息泄露。

再延伸一点，如果有成千上万笔交易在进行，那么去中心化的处理方式会节约很多资源，使整个交易自主化、简单化，并且排除了被中心化代理控制的风险。

下面我们就来了解区块链的相关知识。

11.2 相关知识

11.2.1 区块链的概念与分类

区块链的本质是分布式的数据库，在其中存储的数据或者信息，具有公开透明、不可伪造、可以追溯、集体维护、全程留痕等特征。基于这些特征，区块链技术具有可靠性及可合作性。区块链的构造与应用涉及数学、密码学和计算机编程等很多科学和技术。区块链丰富的应用场景，基本上都基于区块链能够解决信息不对称问题、实现多个主体之间的协作信任与一致行动的特点。

区块链可以按开放程度、应用范围、原创程度和独立程度进行划分。

1. 按开放程度划分

区块链按开放程度可划分为公有链、联盟链及私有链。

（1）公有链。公有链的特征是系统开放，任何人都可以参与区块链数据的维护和读取。公有链容易部署应用程序，完全去中心化，不受任何机构控制。公有链就像大自然或者宇宙，人人都在其中，没有或者尚未发现任何主导的中心力量。

（2）联盟链。联盟链的特征是系统为半开放的，用户需要注册许可才能访问区块链。从使用对象来看，联盟链仅限于联盟成员参与。联盟按规模可以是国与国之间的联盟，也可以是不同的机构、企业之间的联盟。联盟链就像各种商会联盟，只有联盟内的成员才可以共享利益和资源。区块链技术的应用可以让联盟成员彼此更加信任。联盟链往往采取指定节点计算的方式，且记账节点数量较少。

（3）私有链。私有链的特征是系统封闭，仅限于企业、国家机构或者单独个体内部使用。私有链不能够完全解决信任问题，但是可以改善可审计性。私有链就像私人住宅一样，一般是个人使用的。侵入私有链就像擅闯民宅一样是违法的。

公有链、联盟链、私有链对比如表 11.1 所示。

表11.1 公有链、联盟链、私有链对比

类型	参与者	记账人	中心化程度	承载能力	共识机制	激励机制	突出特点	典型场景
公有链	任何人自由进出	所有参与者	去中心化	每秒 3MB ～ 20MB	PoW/PoS/DPoS（工作量证明机制 / 权益证明机制 / 委托权益证明机制）	需要	信用自建立	虚拟交易
联盟链	联盟成员	联盟协商	多中心化	每秒 1000MB ～ 10GB	分布式一致性算法	自定义	成本效率优化	支付结算
私有链	个体内部	自定义	多中心化	每秒 1000MB ～ 100GB	分布式一致性算法	需要	透明可追溯	审计发行

2. 按应用范围划分

区块链按应用范围可划分为基础链和行业链。

（1）基础链。基础链就是提供底层且通用的各类开发协议和工具，方便开发者在上面快速开发的一种区块链，一般以公有链为主。我们常说基础链就像是计算机的操作系统。

（2）行业链。行业链类似于我们日常生活中的某些行业标准，或为某些行业特别定制的基础协议和工具。如果把基础链称为通用性公有链，那么可以把行业链理解为专用性公有链。

3. 按原创程度划分

区块链按原创程度可划分为原链和分叉链。

（1）原链。原链的特征是单独设计出整套区块链规则算法。

（2）分叉链。分叉链就是在原链基础上分叉出独立运行的主链。分叉链的研发难度低于原链。但是分叉链后续的维护和升级工作也有很大的挑战。

4. 按独立程度划分

区块链按独立程度可以划分为主链和侧链。

（1）主链。主链可以理解为正式上线的、独立的区块链网络。

（2）侧链。侧链是遵守侧链协议的所有区块链的统称。侧链旨在实现双向锚定，让某种加密货币在主链以及侧链之间互相“转移”。需要注意的是，侧链本身也可以理解为一条主链。而如果一条主链符合侧链协议，它也可以被叫作侧链。

11.2.2 区块链关键技术

在实现区块链系统时，需要使用分布式账本记录交易，使用非对称加密算法进行交易加密，使用智能合约技术进行信息实时更新。下面着重介绍这几种技术。

1. 分布式账本

分布式账本是一种数据库类型，可在分散于网络中的成员之间共享、复制和同步。分布式账本记录网络参与者之间的交易，例如资产或数据交换。网络的参与者对分布式账本中记录的更新进行管理并达成共识，不涉及第三方调解人，如金融机构或票据交换所。分布式账本中的每个记录都有一个时间戳和唯一的加密签名，从而使分布式账本中的所有交易都可以被审核，并不会被篡改。

2. 非对称加密算法

对称加密算法是加密和解密使用相同密钥的保密方法。而非对称加密算法需要两个密钥：公开密钥（公钥）和私有密钥（私钥）。公钥与私钥是一对，如果用公钥对数据进行加密，只有用对应的私钥才能解密。因为加密和解密使用的是两个不同的密钥，所以这种算法叫作非对称加密算法。非对称加密算法实现机密信息交换的基本过程是：甲方生成一对密钥并将公钥公开，需要向甲方发送信息的其他角色（乙方）使用该密钥（甲方的公钥）对机密信息进行加密后再发送给甲方；甲方再用自己的私钥对加密后的信息进行解密。甲方想要回复乙方时正好相反，使用乙方的公钥对数据进行加密，同理，乙方使用自己的私钥来进行解密。

非对称加密算法的特点是算法复杂、安全性依赖于算法与密钥。由于其算法复杂，其加密、解密速度没有对称加密算法的速度快，但是非对称加密算法有两种密钥，其中一个是公开的，这样就可以不需要像对称加密算法那样传输对方的密钥，大大提高了安全性。

3. 智能合约技术

智能合约（Smart Contract）是一种智能协议。一个智能合约是指一套以数字形式指定的承诺，包括合约参与方可以用于履行这些承诺的协议。

在智能合约的定义中，"一套承诺"指的是合约参与方同意的（经常是相互的）权利和义务，"数字形式"意味着合约不得不写入计算机可读的代码中，"履行"意味着通过技术手段积极实施。

基于区块链的智能合约包括事务处理和保存的机制，以及一个用于接收和处理各种智能合约的完备的状态机。事务主要包含需要发送的数据，而对这些数据的描述信息则是事件。事务及事件信息输入智能合约后，合约资源集合中的资源状态会被更新，进而触发智能合约进行状态机判断。如果状态机中某个或某几个动作的触发条件满足，则由状态机根据预置信息选择合约动作自动执行。智能合约原理如图 11.1 所示。

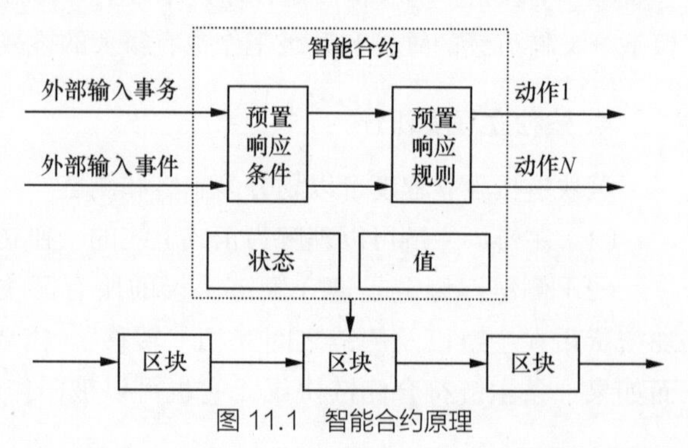

图 11.1 智能合约原理

整个智能合约系统的核心在于输入智能

合约的事务和事件经过智能合约的处理，输出的还是一组事务和事件。智能合约系统只是事务处理模块和状态机构成的系统，它不产生智能合约，也不会修改智能合约，它的存在只是为了让一组复杂的、带有触发条件的数字化承诺能够按照参与者的意志正确履行。

11.2.3 人工智能与区块链的交互

区块链是一种共享的、不可变的分类账，可在多方发起和完成交易时，同时向他们提供即时、共享和透明的加密数据交换。简单来说，区块链的本质是数据的一种存储方式，人工智能则是由数据产生的应用，二者之间可以有很多交互。在数据真实性方面，区块链的数字记录提供了对人工智能背后框架及其所使用数据来源的洞察，这有助于增加对数据完整性的信任，进而也增加了对人工智能所提供建议的信任。使用区块链来存储和分发人工智能模型提供了审计跟踪，而区块链和人工智能配对使用则可以增强数据安全性。 在增强功能方面，人工智能能够以惊人的速度快速全面地读取、理解和关联数据，为基于区块链的业务网络带来新的智能水平。通过提供对企业内外大量数据的访问，区块链可帮助人工智能实现扩展，提供更多可行洞察、数据管理使用和模型共享，并创建值得信赖的透明数据经济。同时，人工智能在算法上的突破也会帮助区块链提升数据的传输效率。目前，人工智能与区块链结合的应用有共享个人医疗数据的 BurstIQ、共享人工智能技术的 SingularityNET 等。

未来人工智能与区块链的一个典型结合场景是智能社区，或者称为数字资产服务社区。它集资讯、分析、投顾功能于一体，为用户提供 7×24 小时全时区、全链条、有价值、高效率、多语种的数字货币智能投顾服务、资讯服务及实战操作指导。它利用区块链技术和安全多方计算技术解决交易信任和数据隐私问题，利用人工智能提升知识提供方的服务水平和服务体量。

11.3 任务实施——区块链合约开发实践

迅雷链（Thunder Chain）是迅雷公司打造的每秒交易量（Transactions Per Second，TPS）高达百万次、确认时间达到秒级的高性能区块链。迅雷公司在此基础上搭建了迅雷链开放平台，助力开发者快速开发、部署智能合约，企业或个人可以轻松将自己的产品和服务上链。接下来我们以 Linux 操作系统为例，实现合约开发的入门实践。

（1）在控制台输入 npm i -g truffle 命令安装 truffle。

```
npm i -g truffle
[root@opennode sandai]# truffle version
Truffle v4.1.5 (core: 4.1.5)
Solidity v0.4.21 (solc-js)
```

（2）使用 truffle 初始化合约工程。

```
mkdir simple-storage
 cd simple-storage
 truffle init
```

（3）新建合约文件。可以使用 truffle create contract SimpleStorage 命令新建。

```
pragma solidity ^0.4.21;
 contract SimpleStorage {
       uint myVariable;

       function set(uint x) public {
             myVariable = x;
       }

       function get() constant public returns (uint) {
            return myVariable;
       }
 }
```

（4）添加 migrate 脚本。可以使用 truffle create migration 2_deploy_contract 命令添加。

```
//truffle migrate 命令的执行顺序与文件名有关，所以部署多个脚本时需要按照顺序命名
 var SimpleStorage = artifacts.require("SimpleStorage");
 module.exports = function(deployer) {
           deployer.deploy(SimpleStorage);
 };
```

（5）执行 truffle compile 命令编译合约，编译后的合约在 build 文件夹下。每个合约有一个对应的 json 文件。

（6）编辑 truffle.js，设置 truffle 部署合约及与区块链交互的远程过程调用（Remote Procedure Call，RPC）连接。

```
[root@localhost opennode]# vi truffle.js
module.exports = {
   networks: {
      development: {
         host: "127.0.0.1",
         port: 8545,
         network_id: "*"
      }
   }
};
```

（7）控制台开启 truffle 默认的区块链环境。这为 truffle 运行合约提供本地的区块链环境，默认生成 10 个账户。

```
truffle develop
Truffle Develop started at http://127.0.0.1:9545/

Accounts:
(0) 0x627306090abab3a6e1400e9345bc60c78a8bef57
(1) 0xf17f52151ebef6c7334fad080c5704d77216b732
(2) 0xc5fdf4076b8f3a5357c5e395ab970b5b54098fef
(3) 0x821aea9a577a9b44299b9c15c88cf3087f3b5544
(4) 0x0d1d4e623d10f9fba5db95830f7d3839406c6af2
(5) 0x2932b7a2355d6fecc4b5c0b6bd44cc31df247a2e
(6) 0x2191ef87e392377ec08e7c08eb105ef5448eced5
(7) 0x0f4f2ac550a1b4e2280d04c21cea7ebd822934b5
(8) 0x6330a553fc93768f612722bb8c2ec78ac90b3bbc
(9) 0x5aeda56215b167893e80b4fe645ba6d5bab767de
```

```
Private Keys:
(0) c87509a1c067bbde78beb793e6fa76530b6382a4c0241e5e4a9ec0a0f44dc0d3
(1) ae6ae8e5ccbfb04590405997ee2d52d2b330726137b875053c36d94e974d162f
(2) 0dbbe8e4ae425a6d2687f1a7e3ba17bc98c673636790f1b8ad91193c05875ef1
(3) c88b703fb08cbea894b6aeff5a544fb92e78a18e19814cd85da83b71f772aa6c
(4) 388c684f0ba1ef5017716adb5d21a053ea8e90277d0868337519f97bede61418
(5) 659cbb0e2411a44db63778987b1e22153c086a95eb6b18bdf89de078917abc63
(6) 82d052c865f5763aad42add438569276c00d3d88a2d062d36b2bae914d58b8c8
(7) aa3680d5d48a8283413f7a108367c7299ca73f553735860a87b08f39395618b7
(8) 0f62d96d6675f32685bbdb8ac13cda7c23436f63efbb9d07700d8669ff12b7c4
(9) 8d5366123cb560bb606379f90a0bfd4769eecc0557f1b362dcae9012b548b1e5

Mnemonic: candy maple cake sugar pudding cream honey rich smooth crumble sweet treat

⚠ Important ⚠ : This mnemonic was created for you by Truffle. It is not secure.
Ensure you do not use it on production blockchains, or else you risk losing funds.

truffle(develop)>
```

（8）在一个新的控制台使用 truffle migrate 命令（或者在 truffle develop 控制台使用 migrate 命令）移植部署合约。

（9）使用 truffle develop 命令测试合约代码。

```
SimpleStorage.deployed().then(function(instance){return instance.get.call();}).then(function(value){return value.toNumber()})
// 0
SimpleStorage.deployed().then(function(instance){return instance.set(100);});
// 输出 transaction 信息
SimpleStorage.deployed().then(function(instance){return instance.get.call();}).then(function(value){return value.toNumber()});
// 100
```

11.4 知识扩展——区块链的前沿技术

区块链的前沿技术主要有以下几种。

1. 共识算法

共识算法是为了实现分布式一致性协议而产生的一系列流程与规则。分布在不同地域的节点都按照共识算法进行协商交互之后，最终能就某个或某些问题得到一致的决策，从而实现分布式系统中不同节点的一致性。区块链很多算法在节点数量相对有限或交易网络环境相对稳定的情况下是可以实现比较好的运行效果的。但如果未来在更大规模的交易场景下，考虑到很多参与方的网络环境是开放的公网环境，网络可能是不稳定的，且参与的共识节点有可能非常多，这时就需要进一步改进共识算法，从而更快、更高效、更稳定地达成交易共识。

2. 通信网络

要完成大规模交易，共识算法优化只是一方面，另一方面是在底层通信网络上做相应的优化。

区块链底层还是分布式的网络结构，它的分布式节点非常广泛，会出现高时延或网络抖动等问题，这些问题都会影响到上层对共识的达成及交易稳定性等。

为了解决这些问题，可以使用区块链高速通信网络（Blockchain Transmission Network，BTN）。BTN 可以理解为是在底层的对等（Peer-to-Peer，P2P）网络上搭的网络高架，相应的参与节点可以就近接入一个 BTN 节点中。通过 BTN 可以实现更加高速、稳定的信息传输。BTN 可以实现端到端的加密通信，并能够支持更高的对隐私计算的专有优化。因此，通过 BTN，在底层网络不仅可以实现更加高效、稳定地传输，还可以支持更安全的一些应用场景。

3. 跨链

未来一定有多链并存的生态，需要支持不同链之间的数据、资产、交易传输，甚至跨链的合约调用等，这时的互通解决方案一般需要通过中间方做跨链服务。中间方提供跨链服务需要确保：①能够监听和搬运跨链信息；②确保跨链信息是可信传递的，其信息不可篡改；③两边链上的状态要达成一致；④灵活的可扩展性，可以支持多种跨链场景，甚至支持自定义的跨链场景。

跨链可以提供每秒超过 10 万笔跨链交易的处理能力，且端到端的时延达到毫秒级别，TPS 能够超过 2.5 万次。

11.5 创新设计——区块链的创意应用

很多公司正在使用区块链设计新的数字模拟游戏平台。一家数字模拟游戏平台结合区块链帮助开发者管理游戏,还可以保护、分享和交易虚拟资产。请大家结合本项目学习的区块链相关知识，设计虚拟资产的区块链保护与分享机制。

11.6 小结

本项目引领读者学习了区块链概念、分类等知识，使读者了解了区块链的分布式账本、智能合约等技术。读者阅读完本项目后，可以对区块链关键技术与合约开发有初步的认识。

项目12

人工智能与虚拟现实

12

虚拟现实（Virtual Reality，VR）最早由美国的乔·拉尼尔在20世纪80年代初提出。虚拟现实技术是集计算机技术、传感器技术、人类心理学及生理学于一体的综合技术，利用计算机仿真系统模拟外界环境，为用户提供多信息、三维动态、交互式的仿真体验。

知识目标

- 掌握虚拟现实的概念。
- 了解3ds Max的基本使用方法。
- 掌握三维模型制作方法。

技能目标

- 能够开发虚拟现实应用。
- 能够利用3ds Max实现简单开发。

素养目标

- 培养动手实践能力。
- 培养解决实际问题的能力。

12.1 任务引入

虚拟现实技术是一种为用户创建模拟环境的计算机技术。不同于典型的用户界面让用户在外部体验，虚拟现实技术将用户置于模拟环境中，让用户的体验更加真实。通过虚拟现实技术模拟现实世界，我们可以更好地理解现实世界的问题并解决它们。

虚拟现实技术提供的可视化环境有助于我们提高洞察力，就像我们自己在真实环境中一样。相比从计算机屏幕上观察，通过虚拟现实技术可以更深入地体验这些环境的模拟版本。虚拟现实技术使我们更接近这些环境，并帮助我们获得更深入的见解。这是因为与计算机屏幕上的界面相比，模拟环境提供更加沉浸式的视图。体验越真实，从中获得的见解就越明确。虚拟现实技术改变了我们可视化的方式，这为其作为解决问题的工具提供了很多可能性。

在本项目中，我们将学习虚拟现实技术及人工智能与虚拟现实技术结合应用的相关知识。

12.2 相关知识

12.2.1 虚拟现实的概念与应用领域

虚拟现实是一种可以用于创建和体验虚拟世界的计算机仿真系统，它利用计算机生成模拟环境，使用户沉浸到该环境中。简单来说，虚拟现实就是虚拟和现实的相互结合。虚拟现实技术利用现实生活中的数据，通过计算机技术产生电子信号，将电子信号与各种输出设备结合使其转化为能够让人们感受到的现象。这些现象可以是现实中实际存在的物体，也可以是我们肉眼看不到的物质。因为这些现象不是真实的世界中发生的，而是通过计算机技术模拟出来的，故称为虚拟现实。

虚拟现实技术在现代社会有广泛的应用。

1. 娱乐领域的应用

近年来，虚拟现实技术在娱乐领域的广泛应用对影视娱乐市场的影响非常大。体验者可以沉浸在影片所创造的虚拟环境之中。同时，随着虚拟现实技术的不断创新，虚拟现实技术在游戏领域也得到了快速发展。虚拟现实技术使游戏在保持实时性和交互性的同时，也大幅提升了游戏的真实感。

2. 教育领域的应用

如今，虚拟现实技术已经成为促进教育发展的一种新型手段。我们利用虚拟现实技术可以为学生打造生动、逼真的学习环境，使学生通过真实感受来增强记忆。相比灌输性教学，利用虚拟现实技术帮助学生自主学习，更容易激发学生的学习兴趣。此外，部分院校已经利用虚拟现实技术建立了与学科相关的虚拟实验室，这可以帮助学生更好地学习。虚拟现实技术的教育领域应用如图 12.1 所示。

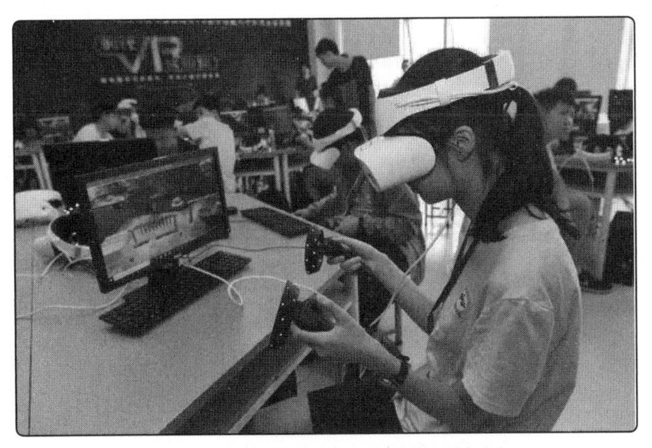

图 12.1　虚拟现实技术的教育领域应用

3. 设计领域的应用

利用虚拟现实技术，设计师可以把室内结构、房屋外形直观地表现出来，使之变成可以看见的物体和环境。在设计初期，设计师可以将自己的想法通过虚拟现实技术表现出来，在虚拟环境中预先查看设计实际效果。这样既可以节省时间，又可以降低成本。

4. 医学领域的应用

医学专家可以利用计算机，在虚拟空间中模拟出人体组织和器官，让学生在其中进行模拟操作。模拟操作能让学生体会到手术刀切入人体肌肉组织、触碰到骨头的感觉，能使学生更快掌握手术要领。在实际应用中，主刀医生可以在进行手术前建立病人的虚拟身体模型，在虚拟空间中先进行一次手术预演，这样能够大大提高手术的成功率。虚拟现实技术的医学领域应用如图 12.2 所示。

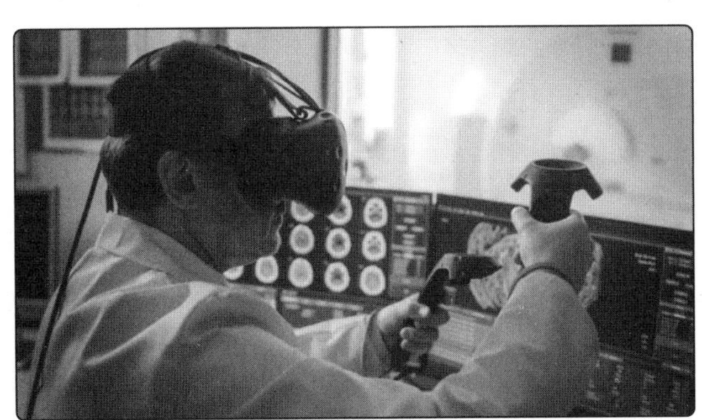

图 12.2　虚拟现实技术的医学领域应用

5. 军事领域的应用

将地图上的山川地貌、海洋湖泊等的数据通过计算机进行编写，利用虚拟现实技术，将原本的二维地图变成三维立体的地形图。这十分有助于进行军事演习等训练，可以提高我国的综合国力。

6. 航天领域的应用

航天工程是耗资巨大的工程，人们可以利用虚拟现实技术和计算机在虚拟空间中模拟现实中的航天器与飞行环境，航天员在虚拟空间中进行飞行训练和实验操作，可以极大地减少实验经费和降低实验的危险系数。

12.2.2 虚拟现实前沿知识

虚拟现实中的“现实”泛指在物理或功能意义上存在于世界上的任何事物或环境，它可以是实际上可实现的，也可以是实际上难以实现或根本无法实现的，而“虚拟”是计算机生成的意思。因此，虚拟现实是指用计算机生成的特殊环境，人可以通过使用各种特殊装置将自己“投射”到这个环境中，然后操作、控制环境，实现特殊的目的，即人是这个环境的“主宰”。

虚拟现实技术包括实时三维计算机图形技术、立体视觉技术、立体声技术、触觉或力学反馈技术等。

1. 实时三维计算机图形技术

利用计算机三维模型产生图形、图像并不是太难的事情。如果有足够准确的模型和足够多的时间，我们就可以生成不同光照条件下各种物体的精确图像。但是如果要求实时生成的话，就会有一定的困难。例如在飞行模拟系统中，图像的刷新频率相当重要，同时图像质量的要求很高，加上非常复杂的虚拟环境，问题就变得相当困难。

2. 立体视觉技术

人看周围的世界时，由于两只眼睛的位置不同，得到的图像也会略有不同。这些图像在大脑融合起来，形成关于周围世界的整体景象，这个景象中也包括距离信息。当然，距离信息也可以通过眼睛焦距的远近、物体大小的比较等方法获得。在虚拟现实系统中，双目立体视觉技术有很大作用。用户的两只眼睛看到的不同图像是分别产生并显示在不同的显示器上的。有的系统采用单个显示器，但用户戴上特殊的眼镜后，一只眼睛只能看到奇数帧图像，另一只眼睛只能看到偶数帧图像，也能产生视差从而产生立体感。在用户与计算机的交互中，键盘和鼠标是目前常用的工具，然而对于三维空间来说，它们都不太合适，因为在三维空间中有 6 个自由度，我们很难找出比较直观的办法把鼠标的平面运动映射成三维空间的任意运动。目前已经有一些设备可以提供 6 个自由度，如三维数字化仪和三维鼠标等，但是应用更多的设备是数据手套和数据衣。

3. 立体声技术

由于声音到达两只耳朵的时间或距离有所不同，在水平方向上，我们可以靠声音的相位差及强度的差别来确定声音的方向。常见的立体声效果就是靠左右耳听到在不同位置发出的不同声音来实现的。现实生活里，当头部转动时，听到的声音的方向也会发生改变。

4. 触觉或力学反馈技术

在一个虚拟现实系统中，用户可以看到一个虚拟的杯子，如果设法抓住它，用户的手可能没有真正接触杯子的感觉，只是穿过虚拟杯子的“表面”，但这在现实生活中是不可能的。解决这一问题的常用方法是在手套内层安装一些可以振动的触点来模拟触觉。

12.2.3 人工智能与虚拟现实的关系

人工智能和虚拟现实之间没有直接联系，但是，在某些场景下，人工智能可以为虚拟现实提供增强体验，举例如下。

（1）智能交互：通过语音、手势或其他方式与虚拟环境进行更自然的交互。

（2）个性化推荐：根据用户喜好和历史数据提供定制的内容推荐服务。

（3）联网协作：利用云计算、人工智能等技术实现多人同时参与虚拟环境，并进行在线协作。

（4）可视化分析：将大量数据可视化呈现到虚拟空间中，方便用户对数据进行探索和分析。

人工智能与虚拟现实技术结合的应用主要有虚拟数字人、虚拟视频主播。例如，2021 年 12 月，江南农商银行与京东云合作，推出业务办理类虚拟数字人“言犀 VTM 数字员工”。与传统数字员工不同，“言犀 VTM 数字员工”可独立、准确地完成各项业务办理全流程服务，无须人工客服介入。“言犀 VTM 数字员工”的创新之处是拟人程度极高，交互体验感极强，可以处理各类方言业务，一些普通话不佳的老年人也可以轻松使用。

总之，人工智能和虚拟现实之间是相互促进的。人工智能可以为虚拟现实提供更加个性化和逼真的体验；虚拟现实可以为人工智能提供更多的数据和场景，以便训练和测试算法。

12.3 任务实施——使用 3ds Max 基本体创建简单模型

虚拟现实的模拟环境一般通过 3D 建模软件实现。常用的 3D 建模软件有 Maya、Cinema 4D、3ds Max。下面使用 3ds Max 制作简单模型来体验虚拟现实的模拟环境的制作，以制作一个凉亭模型为例，具体操作如下。

（1）打开软件，在菜单栏中选择“自定义”→“单位设置”选项，在弹出的“单位设置”对话框中单击“系统单位设置”按钮，打开“系统单位设置”对话框，在对话框中进行系统单位设置，如图 12.3 所示。

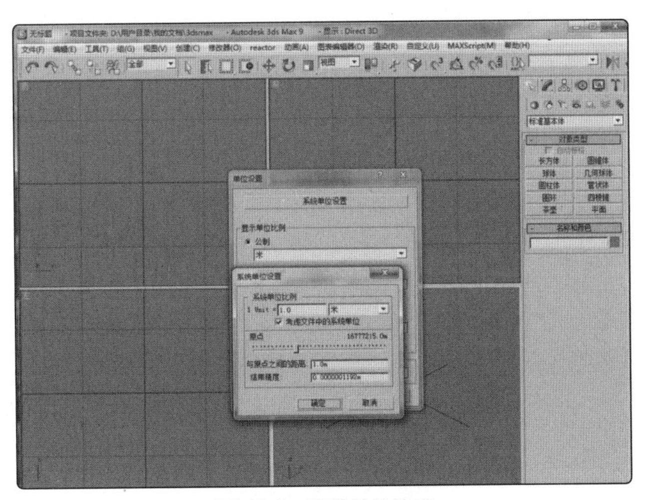

图 12.3 系统单位设置

12.1 虚拟现实开发流程

（2）在命令面板的模型分类下拉列表中选择“标准基本体”,在“对象类型”卷展栏中选择“长方体”，在视口中绘制长方体作为凉亭地面，并适当调整长方体的高度。

（3）制作凉亭的柱子。在模型分类下拉列表中选择“扩展基本体”，在“对象类型”卷展栏中选择“切角圆柱体”，在视口绘制切角圆柱体作为柱子。选择已绘制的柱子对象，在工具栏中选择“移动”工具，按住【Shift】键拖曳对象，在弹出的“克隆选项”对话框中选择“复制”单选按钮，单击“确定”按钮复制柱子。用相同的方法再复制 2 根同样的柱子。

（4）制作凉亭的顶部。在模型分类下拉列表中选择“标准基本体”，在“对象类型”卷展栏中选择“四棱锥”，在“参数”卷展栏中设置相关参数，在视口中绘制四棱锥，如图 12.4 所示。

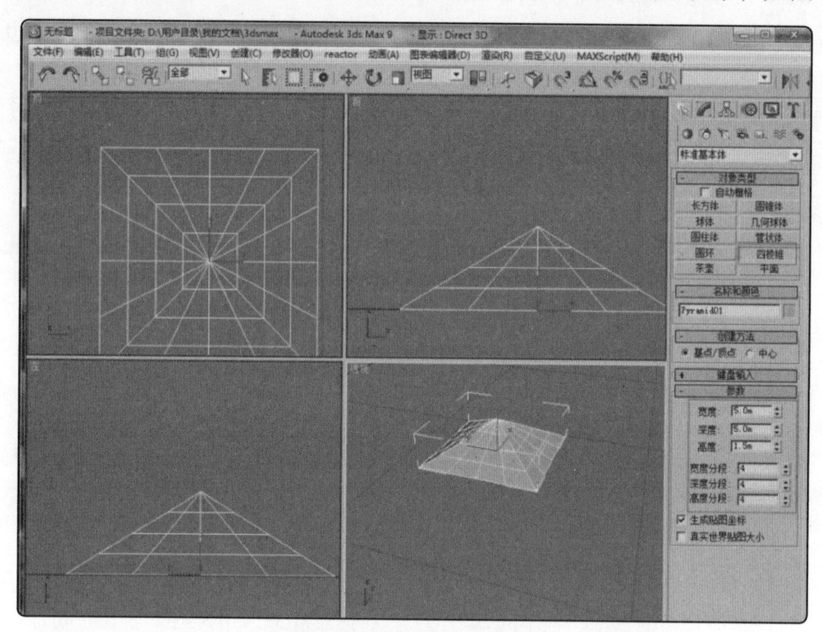

图 12.4　制作凉亭的顶部

（5）最终生成凉亭模型，如图 12.5 所示。

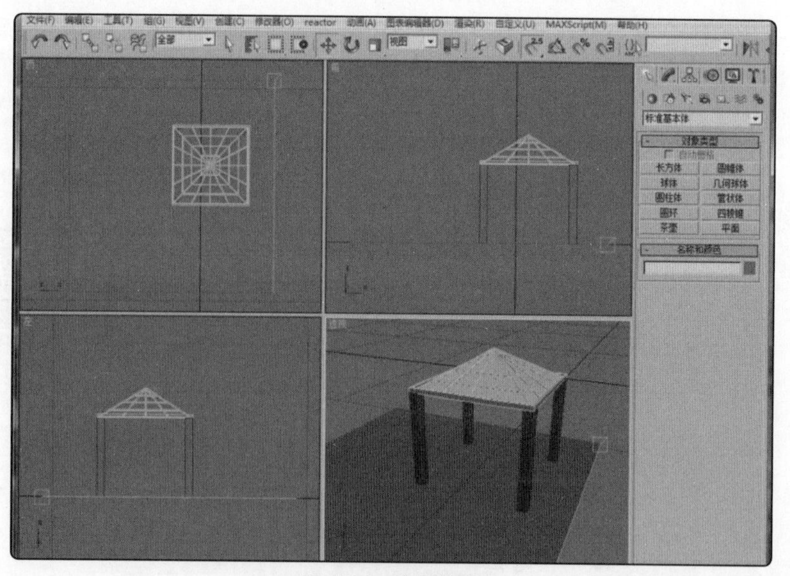

图 12.5　凉亭模型

12.4 知识扩展——虚拟现实未来发展趋势

虚拟现实未来发展趋势体现在以下几个方面。

1. 出现更多的虚拟现实全景内容

基于全景图像的真实场景的虚拟现实全景也叫三维视频。这种视频犹如用相机拍摄的一组或多组照片拼接成的360° 全景图像，通过计算机技术实现全方位互动式观看的真实场景还原展示方式。虚拟现实全景内容的参与度高于普通内容。虚拟现实全景内容的数量和质量在逐年提升。展望未来，我们可以看到虚拟现实全景内容将在更大范围内普及。

2. 虚拟现实开发者崛起

行业的发展通常与行业人才的增长相匹配。从近几年的走势来看，虚拟现实行业发展迅速，未来市场空间较广。

3. 更身临其境的沉浸式体验

对于虚拟现实而言，最重要的任务之一就是使环境更加逼真。换言之，用户期待虚拟现实可以提供更加真实的体验。在未来，虚拟现实设备有可能让我们的嗅觉和触觉有更接近真实的体验。

4. 产品成本下降，可用性提高

无论是硬件还是软件，虚拟现实产品只有在普通用户可以负担得起的时候，才会真正变成主流。而现在市面上大多数虚拟现实产品是高端产品，普通用户难以承担。未来虚拟现实产品会变得更加普及，价格也会下降到大众可以接受的程度。

12.5 创新设计——虚拟现实应用程序体验

在生活中，大家接触到的虚拟现实游戏大多是基于Unity或者Unreal这两种引擎制作的。请读者收集不同游戏引擎制作的虚拟现实游戏的资料，查阅引擎技术文档与网站，体验应用程序，总结其优劣，思考可以改进的地方。

12.6 小结

本项目引领读者学习了虚拟现实技术的概念、应用领域和未来发展趋势，使读者对人工智能和虚拟现实技术的关系有了初步的认识，并熟悉虚拟现实建模软件的简单使用方法。读者阅读完本项目后，可以对虚拟现实的应用和主要技术有系统的认识。

项目13 人工智能与信息安全

随着网络时代的到来，信息安全也出现在人们的视野中。由于网络攻击是不断演变的，防御过程中经常需要面临未知类型的恶意软件，而人工智能可凭借其强大的运算能力迅速对事件进行排查、筛选，以发现异常、风险和未知威胁的信号。人工智能在防御领域的优势，使其在发现和阻止黑客入侵工控设备、预防恶意软件和文件被执行、提高安全运营中心的运营效率、量化风险、检测异常网络流量、检测恶意应用等关键创新领域得到了有效应用。

人工智能可以识别模式、找出漏洞，以及执行修复漏洞的计划。在实际的网络安全应用中，人工智能系统可以创建一个新的保护层。有了人工智能，整个信息安全领域都会发生变化，并且可以改变更多的领域。

知识目标

- 了解信息安全的相关概念。
- 熟悉信息安全检测。
- 掌握利用人工智能保护信息安全的方式。

技能目标

- 掌握华为云 Web 应用防火墙的使用方法。

素养目标

- 培养网络安全的意识。
- 培养人人守法的法规意识。

13.1 任务引入

13.1 人工智能与信息安全

不管我们走到哪里，不管我们做什么事，比如乘坐交通工具，还有办理银行业务、宾馆入住登记等，都可能用到个人信息。我们的个人信息包括身份证信息、电话号码、银行卡信息、验证码、生物信息等。个人信息的安全，对于我们来说是至关重要的。个人信息泄露主要有以下几个原因。

1. 个人信息没有得到规范采集

现阶段，虽然生活方式呈现出简单化和快捷性，但其背后伴有诸多信息安全隐患，如个人信息泄露。不法分子通过各类软件或程序来盗取个人信息，并利用信息来获利，严重影响了公民生命、财产安全。此类问题产生多因过度或非法采集个人信息。部分未经批准的商家或个人对个人信息实施非法采集，甚至部分调查机构建立调查公司并兜售个人信息，这使个人信息安全受到极大影响，公民的隐私权受到严重侵犯。

2. 公民欠缺足够的信息保护意识

网络上个人信息的泄露、电话推销源源不绝等情况时有发生，这与公民欠缺足够的个人信息保护意识密切相关。公民在个人信息层面的保护意识相对薄弱给信息被盗取创造了条件。比如，随便注册网站便需要填写相关资料，有的网站甚至要求精确到身份证号码等信息。很多公民并未意识到上述行为是对信息安全的侵犯。

3. 监管困难

海量信息需要以网络为基础，网络用户较多并且信息较为繁杂，因此政府很难实现精细化管理。与网络信息管理相关的规范条例等并不系统，这使政府很难针对个人信息做到有力监管。

13.2 相关知识

13.2.1 信息安全相关概念

信息安全意为保护信息及信息系统免受未经授权的进入、使用、破坏、修改、检视、记录及销毁等行为。信息安全涉及计算机科学、网络技术、通信技术、密码技术等多种技术。

1. 信息安全的要素

信息安全的要素主要包括 4 个：保密性、完整性、真实性、不可否认性。

（1）保密性。保密性指网络中的信息不被非授权实体获取与使用。保密的信息包括存储在计算机系统中的信息和在网络中传输的信息。

（2）完整性。完整性指数据未经授权不能进行改变的特性，即信息在存储或传输过程中保持不被修改、破坏和丢失的特性。完整性还要求数据的来源具有正确性和可信性，确保数据是真实可信的。

（3）真实性。真实性指保证以数字身份进行操作的操作者就是数字身份合法拥有者，也就是说保证操作者的物理身份与数字身份相对应。

（4）不可否认性。不可否认性指信息发送方不能否认发送过信息，信息接收方不能否认接收过信息，又称不可抵赖性。

2. 密码技术的基本概念

使用密码技术是一种有效维护信息安全的办法，下面我们简要介绍密码技术的基本概念。

明文（Message）：指待加密的信息。其组成的集合为明文空间。

密文（Ciphertext）：指明文经过加密处理后的结果。其组成的集合为密文空间。

密钥（Key）：指用于加密或解密的参数。其组成的集合为密钥空间。

加密（Encryption）：指用某种方法伪装消息以隐藏它的内容的过程。

加密算法（Encryption Algorithm）：指将明文转换为密文的函数。

解密（Decryption）：指把密文转换成明文的过程。

解密算法（Decryption Algorithm）：指将密文转换为明文的函数。

密码分析（Cryptanalysis）：指截获密文者试图通过分析截获的密文推断出明文或密钥的过程。

密码分析员（Cryptanalyst）：指从事密码分析的人。

被动攻击（PassiveAttack）：指对系统采取截获密文操作并对密文进行分析，这种攻击对密文没有破坏作用。

主动攻击（ActiveAttack）：指攻击者非法入侵密码系统，采用伪造、修改、删除等手段向系统注入假消息进行欺骗，这种攻击对密文具有破坏作用。

密码体制（密码方案）：由明文空间、密文空间、密钥空间、加密算法、解密算法构成。

3. 信息安全传统加密技术

随着互联网的快速发展，计算机信息的保密问题越来越重要。数据加密技术是对计算机信息进行保护的较为实用和可靠的方法。下面主要介绍信息安全传统加密技术。

（1）对称密码体制

对称密码体制也称单钥密码体制，其加密密钥和解密密钥相同。

目前较为流行的对称加密算法是数据加密标准（Data Encryption Standard，DES）算法和高级加密标准（Advanced Encryption Standard，AES）算法。此外，对称加密算法还有国际数据加密算法（International Data Encryption Algorithm，IDEA）、Loki 算法、Lucifer 算法、RC2 算法、RC4 算法、RC5 算法、Blow fish 算法、GOST 算法、CAST 算法等。

WinRAR 的文件加密功能就是使用 AES 算法实现的。

举例说明 AES 算法的加密过程。假如有一段明文“Study hard and you will improve everyday”，密钥是“abc”，AES 算法会将明文中所有的字母“d”替换成密钥。将“Study hard and you will improve everyday”中的所有字母“d”替换成“abc”，就得到密文“Stuabcy harabc anabc you will improve everyabcay”。

解密过程就是将密文“Stuabcy harabc anabc you will improve everyabcay”中所有与密钥“abc”相同的字符串替换成“d”，得到明文“Study hard and you will improve everyday”。

对称密码体制有一定的不足。如果对已经保存在自己硬盘上的文件使用对称加密算法进行加密是没有问题的，但是如果两个人通过网络传输文件，在传送密文的同时，还必须传送解密密钥，这就增加了密文被破解的风险。

（2）非对称密码体制

非对称密码体制也称双钥密码体制、公开密码体制、公钥密码体制。非对称密码体制的加密密钥和解密密钥不同。常见的非对称加密算法有 RSA 算法［算法名称是提出者 Ron Rivest（罗恩 • 里夫斯）、Adi Shamir（安迪 • 沙米尔）、Leonard Adleman（伦纳德 • 阿德尔曼）姓氏首字母组合］、Diffie-Hellman 算法（一种密钥交换算法）、ElGamal 算法。

非对称加密算法的特点简单来说就是如果用密钥 1 进行加密，则有且仅有密钥 2 能进行解密；如果使用密钥 2 进行加密，则有且仅有密钥 1 能进行解密。

注意：如果用密钥 1 进行加密，则不能用密钥 1 进行解密；同样，如果用密钥 2 进行加密，也无法用密钥 2 进行解密。

基本思路如下。首先，生成一对满足非对称加密要求的密钥对（密钥 1 和密钥 2）。然后，将密钥 1 公布在网上，任何人都可以下载它，这个已经公开的密钥 1 为公钥；密钥 2 自己留着，不让任何人知道，这个只有自己知道的密钥 2 为私钥。当我们想给客户传送文件时，我们可以用用户提供的公钥对文件进行加密，之后这个密文就连我们也无法解密。这个世界上只有一个人能将密文解密，这个人就是拥有私钥的用户。

非对称密码体制的不足在于非对称加密算法有一个重大缺点——加密速度慢、编码率比较低。例如给用户传 1GB 的文件，进行非对称加密需要 66 小时。所以在实际使用非对称加密的时候，往往不直接对文件进行加密，而是使用摘要算法（下文将单独介绍）和非对称加密算法相结合（适用于数字签名）或对称加密和非对称加密相结合（适用于加密传输文件）的办法来解决或绕过非对称加密算法加密速度慢的问题。

4. 摘要算法

摘要算法又叫作哈希（Hash）算法或散列算法，是一种将任意长度的输入浓缩成固定长度的字符串的算法，注意是“浓缩”而不是“压缩”，因为这个过程是不可逆的。常见的摘要算法有 MD5 和 SHA-1。

哈希值通常用一个短的由随机字母和数字组成的字符串来代表。不同内容的文件生成的哈希值一定不同，相同内容的文件生成的哈希值一定相同。由于这个特性，摘要算法又被形象地称为文件的“数字指纹”。不管文件多小（例如 1B）或多大（例如几百吉字节），生成的哈希值的长度都相同，而且一般都只有几十个字符。摘要算法被广泛应用于比较两个文件的内容是否相同——哈希值相同，文件内容必然相同；哈希值不同，文件内容必然不同。

13.2.2 信息安全检测

在当今网络世界，不分产业、不分产品大小和等级，只要有联网功能，就可能在网络上遭受攻击，进而造成财产损失与人身损失。信息安全检测技术将提供快速的安全检测方案，能够有效评估产品潜在风险，检视产品的安全漏洞，达到预防胜于治疗的目的。

1. 网站安全检测

网站安全检测也称网站安全评估、网站漏洞测试、Web 安全检测等。它是通过技术手段对网站进行漏洞扫描，检测网页是否存在漏洞、网页是否“挂马”、网页有没有被篡改、是否有欺诈网站等，提醒网站管理员及时修复和加固，保障网站的安全运行。

2. 网络安全系统

网络安全系统主要依靠防火墙、网络防病毒系统等技术在网络层构筑一道安全屏障，并通过把不同的产品集成在同一个安全管理平台上，实现网络层的统一、集中的安全管理。

3. 主机安全防范

由于计算机信息具有共享和易于扩散等特性，它在处理、存储、传输和使用过程中比较脆弱，很容易被干扰、滥用、遗漏和丢失，甚至被泄露、窃取、篡改、冒充和破坏。主机安全防范主要涉及系统和数据库身份标识鉴别、自主访问控制、强制访问控制、可信路径、安全审计、剩余信息保护、恶意代码防范及资源控制等。

4. 数据库信息安全检测

数据库信息安全检测具有很强的系统性和综合性，需要完善的安全机制才能确保数据安全存储，及时发现数据库信息中存在的问题。在计算机网络系统应用时，需要高度重视数据库信息安全检测机制的构建。

13.2.3 利用人工智能保护信息安全

下面是利用人工智能保护信息安全的几种方式。

1. 早期检测

许多黑客使用被动攻击的方式，在不破坏系统的情况下潜入系统窃取信息。想要发现这些被动攻击，可能需要几个月甚至几年的时间。但有了人工智能，系统可以在黑客潜入系统时就侦测到网络攻击。人工智能能够立即发现恶意威胁，并向运维人员发出警报或将攻击者拒之门外。

2. 预测和预防

在攻击发生之前进行预测判断是重要的保护措施。即使是人工智能及其他形式的自动化软件，时刻保持高度警惕也是困难的。人工智能威胁预测系统可以利用历史数据训练的模型，在攻击发生前自动创建特定的防御措施。系统可以在不牺牲安全性的情况下以尽可能高的效率运行，在任何时候都有适当的预测保护措施。

3. 加密

虽然对进入系统的威胁进行检测是不错的防御手段，但我们的最终目标是确保攻击无法进入系统。公司可以通过许多人工智能技术建立防御墙，其中之一就是完全隐藏数据。当信息从一个来源转移到另一个来源时，特别容易受到攻击和盗窃。因此，在业务过程中可以使用人工智能算法加密，比如人工智能系统可以使用对称加密或非对称加密技术将敏感数据存储在云服务器上或通过安全的通道传输。

加密只是把数据转换成一些看起来毫无意义的内容，比如代码，然后系统再解密。与此同时，任何浏览这些信息的黑客都会看到一些没有明显意义的随机文本。

4. 身份认证

身份认证是保障网络安全的重要措施。身份认证常见的技术有密码认证和生物识别技术。

密码认证主要包括静态密码认证和动态密码认证两种形式。静态密码是用户设置的密码，它很常见，也容易泄露；动态密码较静态密码更安全。

更为可靠的身份认证技术是生物识别技术。生物识别技术是指通过可测量的生物信息和行为等特征进行身份认证的一种技术，比如虹膜识别、指纹识别、人脸识别等。其中，人脸识别是人工智能的一个重要应用分支。人工智能的应用可以促进身份认证技术的进步，保护信息安全。

5. 保护网络安全

面对越来越频繁、越来越复杂的网络攻击，人工智能能够帮助资源不足的安全运营分析师提前预知和防范威胁。机器学习和自然语言处理等人工智能技术可从数以百万计的信息中收集威胁情报，提供快速洞察分析，以消除日常警报的干扰，大大缩短响应时间，保护网络安全。

13.2.4 国家信息安全

13.2 信息安全的重要性

当今互联网信息技术日益进步，网络技术所带来的负面因素随之而来。面对如今错综复杂的互联网环境，各种意识形态长期争斗，形势相当严峻，因此，要防止其他少数人或者集体对我国国防安全造成威胁，信息主权对于我国的国防非常重要。

起初国家信息安全是指不泄露国家的军事秘密，到了20世纪90年代，随着互联网的发展，国家信息安全逐渐变为计算机安全等方面的内容延展，其中包含计算机网络方面的保密与安全领域的问题。从现代化计算机技术的角度出发，信息安全主要是指利用网络信息技术防止不法分子对信息数据进行窃取、篡改，或者对信息数据植入网络病毒进行破坏，通过建立网络信息防御系统进一步保障信息数据的安全。

信息安全保护对我国有重要意义。图 13.1 为信息安全保护示意图。

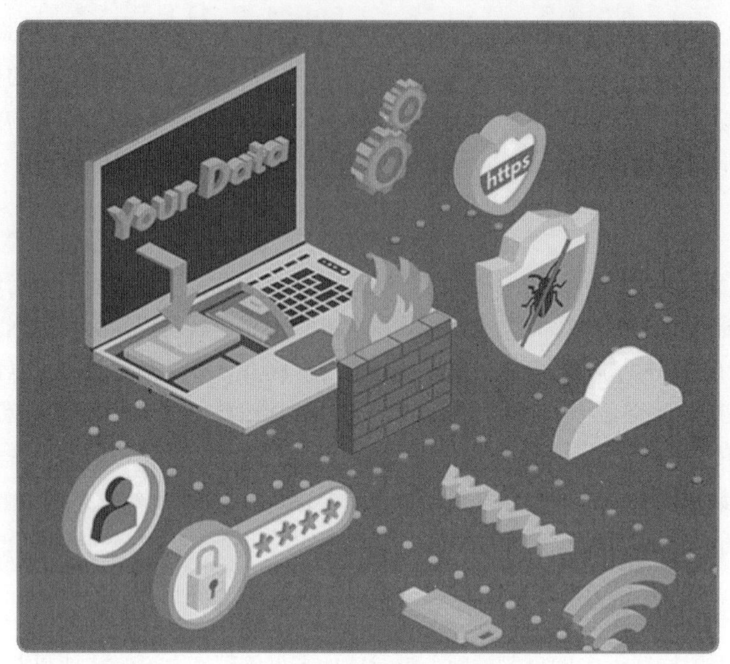

图 13.1 信息安全保护示意图

互联网上的网络空间是现实世界的延伸，也是现实世界的数字化体现。网络已经成为继陆、海、空、天之后的“第五疆域”。建立国家安全观是维护国家信息安全的有力保障，具体体现在以下几点。

（1）以国家安全观规范网络活动行为

自从进入网络自媒体时代，网络信息已经从单向获取转为双向传输，网络空间已成为多渠道汇集、多层面共享的信息聚合平台。我国颁布了《中华人民共和国网络安全法》，制订了国家网络安全战略，实施了移动互联网应用程序违法违规收集使用个人信息专项治理，建立了关键信息安全保护体系。一系列与个人和国家有关的网络安全措施已经启动和实施，为“网络强国”奠定了基础。

（2）以国家安全观落实网络服务主体责任

网络技术的发展加强了一个国家人民之间的交流，促进了世界人民之间的文化信息融合和政治参与。网络信息技术已经广泛应用于国家各个领域，它已成为社会经济发展的强大动力，社会经济对它的依赖程度不断提高。因此，提供网络服务的各大企业、单位以及个人，应严格遵守国家法律法规，及时有效地开展网络信息内容监管，严格管控信息来源，严格控制非法信息传播，积极开展净化网络内容的建设工作。与此同时，还要强化网络服务主体间的相互监督，加强上级管理部门对网络服务的管理力度，在多方面采取多种措施，积极营造健康向上、宣传社会正能量的网络服务空间。

（3）以国家安全观加强网络空间建设国际合作

信息技术已经成为应用面极广、渗透性很强的战略性技术。信息安全产品固有的敏感性和特殊性，直接影响国家的安全利益和经济利益。各国政府纷纷采取颁布标准、实行测评和认证制度等方式，对信息安全产品的研制、生产、销售、使用和进出口实行严格、有效的控制。

13.3 任务实施——体验华为云 Web 应用防火墙

大多数情况下，当结束一天的工作离开办公室时，你可能会打开警报系统并且锁好门以便保护办公室及设备。此外，你还可能拥有一个带锁的、安全的文件柜用来存放公司机密文件。计算机网络也需要安全保护。网络安全技术可保护网络免受他人盗窃和滥用公司机密信息，同时阻止互联网病毒的恶意攻击。如果没有网络安全技术，公司将面临未经授权的入侵、网络停机、服务中断等风险。

下面开始体验华为云 Web 应用防火墙（Web Application Firewall，WAF）。

华为云 WAF 对网站业务流量进行多维度检测和防护，结合深度机器学习智能识别恶意请求特征和防御未知威胁，全面避免网站遭受恶意攻击和入侵。华为云 WAF 的解决方案如图 13.2 所示。

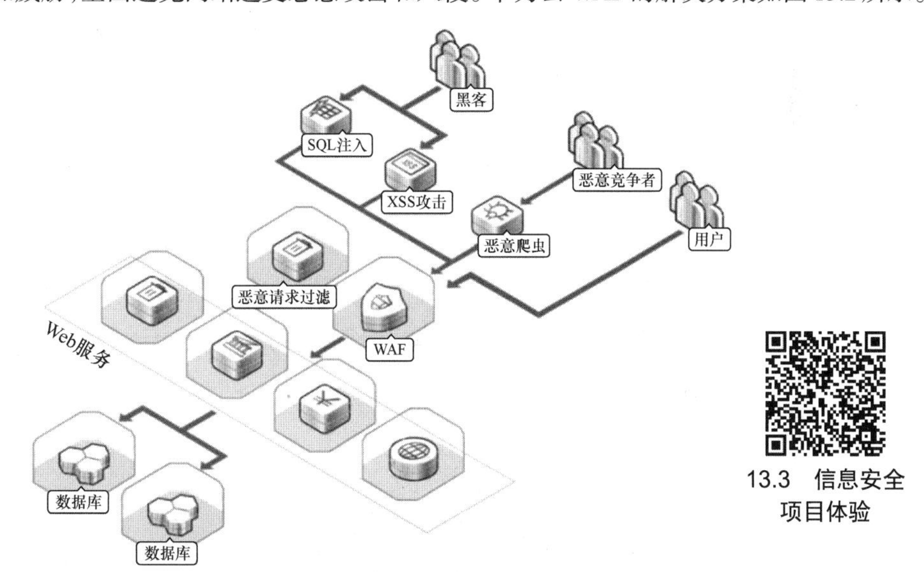

图 13.2 华为云 WAF 的解决方案

1. 实验准备

（1）打开华为云官方网站，进入华为云 WAF 产品页面，如图 13.3 所示，实名认证并登录。

图 13.3 华为云 WAF 产品页面

（2）单击“开始实验”按钮，如图 13.4 所示。

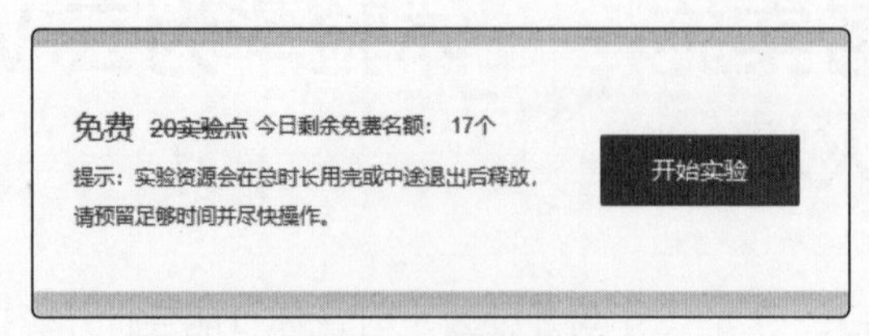

图 13.4　开始实验

（3）进入云环境，单击“WAF”，如图 13.5 所示。

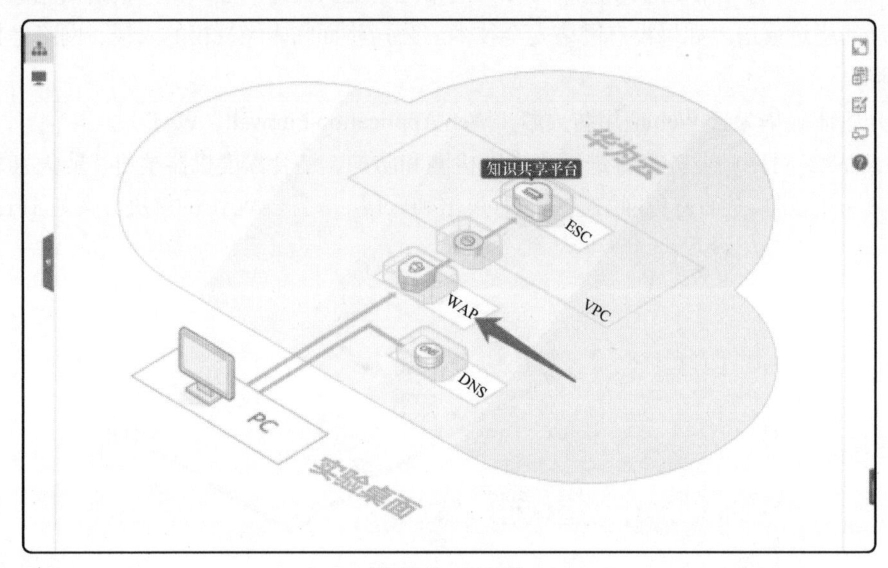

图 13.5　云环境

（4）进入实验操作桌面并打开“Web 应用防火墙 - 控制台”页面，如图 13.6 所示。

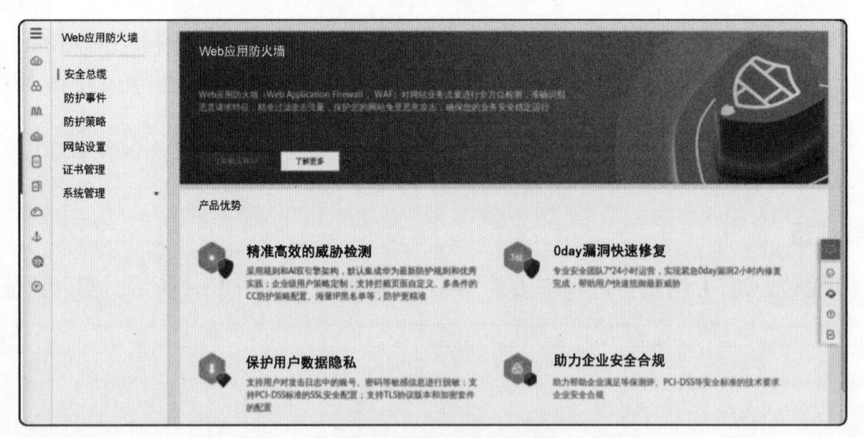

图 13.6　“Web 应用防火墙 - 控制台”页面

2. 配置域名系统

（1）配置防护域名

① 将鼠标指针移动到页面中左侧的菜单栏，依次选择“服务列表”→“安全”→“Web 应用防火墙 WAF”，如图 13.7 所示，进入 WAF 设置页面。

图 13.7　选择“服务列表”→“安全”→“Web 应用防火墙 WAF”

② 在左侧菜单栏中选择“网站设置”，进入“网站设置”页面，单击“添加防护网站”，如图 13.8 所示。

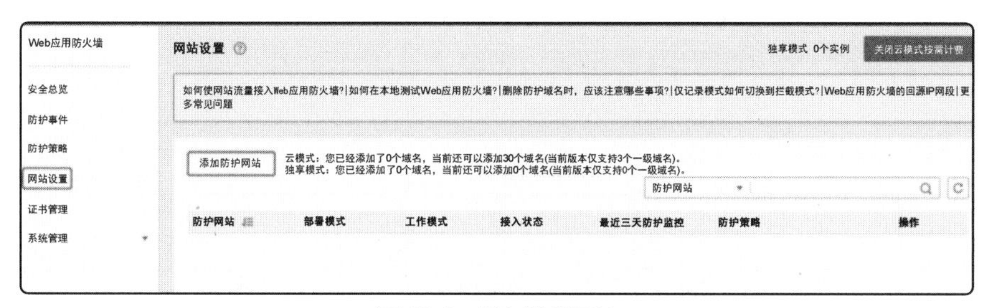

图 13.8　添加防护网站

③ 进行如下配置。

- 防护域名：输入网站访问域名。

说明：在实验操作桌面单击“实验操作桌面”按钮下方的“结果图”按钮进入结果图，可查询网站访问域名，“结果图”按钮如图 13.9 所示。

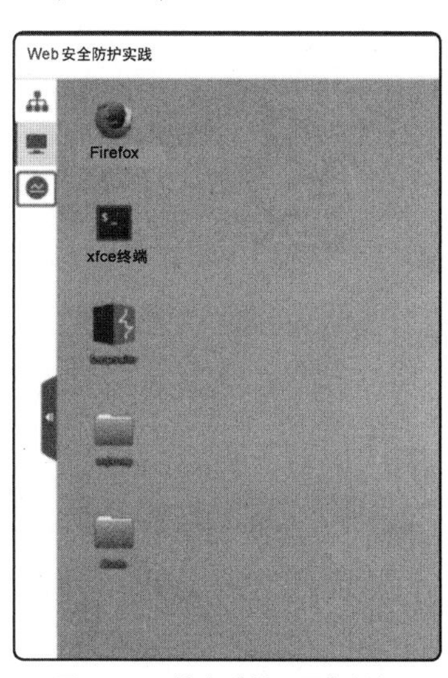

图 13.9　单击“结果图”按钮

- 服务器配置：填写系统预置的 ECS 的公网 IP 地址。

说明：复制实验操作桌面浏览器当前页面链接，新建标签页并访问链接，将鼠标指针移动到页面中左侧的菜单栏，依次选择“服务列表”→“计算”→“弹性云服务器 ECS”，复制名称为“ecs-safe”的 ECS 的公网 IP 地址。

- 是否已使用代理：选择“否”。

配置完成后的页面如图 13.10 所示。

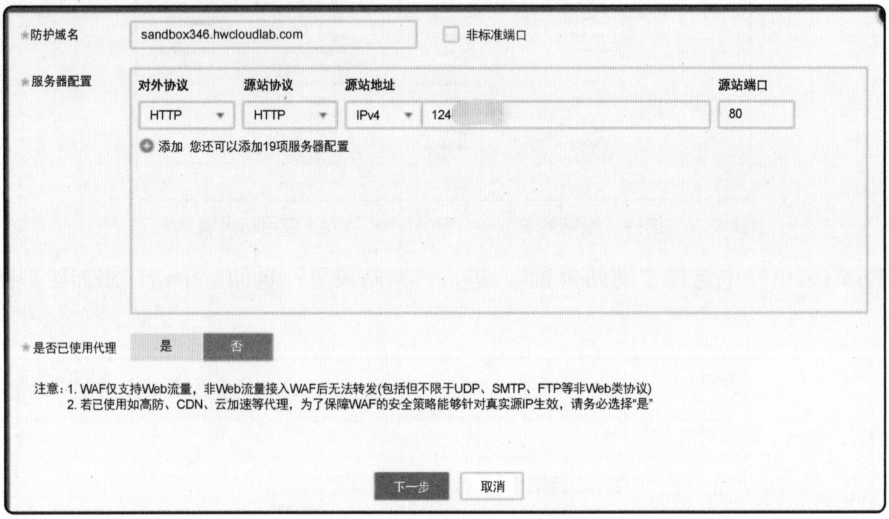

防护域名
sandbox346.hwcloudlab.com
非标准端口
服务器配置
对外协议
源站协议
源站地址
源站端口
HTTP
HTTP
IPv4
124
80
添加 您还可以添加19项服务器配置
是否已使用代理
是
否
注意：1. WAF仅支持Web流量，非Web流量接入WAF后无法转发(包括但不限于UDP、SMTP、FTP等非Web类协议)
2. 若已使用如高防、CDN、云加速等代理，为了保障WAF的安全策略能够针对真实源IP生效，请务必选择“是”
下一步
取消

图 13.10 配置完成后的页面

④ 依次单击“下一步”→“下一步”→“完成”，返回“网站设置”页面。单击“配置防护策略”超链接，将“Web 基础防护”设置为“仅记录”模式，如图 13.11 所示。此处的防护网站为 Web 服务器真实的域名“sandbox346.hwcloudlab.con”。

防护网站
部署模式
工作模式
接入状态
最近三天防护监控
防护策略
操作
sandbox346.hwcloud...
云模式
开启防护
切换
未接入
未发现攻击
查看
Web基础防护
开启(仅记录模式)
CC攻击防护
开启
精准访问防护
开启
配置防护策略
删除
防护配置
Web基础防护
防护常见的Web应用攻击，如SQL注入，XSS攻击，网页木马检查等。
状态
模式
拦截
仅记录
高级设置

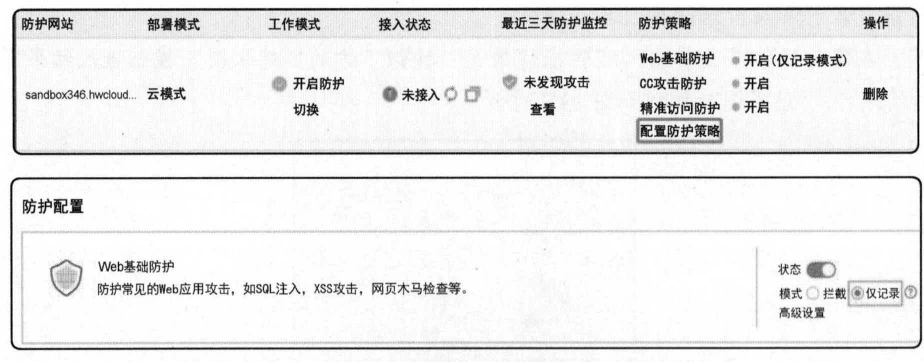

图 13.11 将“Web 基础防护”设置为“仅记录”模式

⑤ 切换至实验操作桌面，双击“Xfce 终端”图标，登录 ECS。

首先输入以下命令。

```
LANG=en_us.UTF-8 ssh root@EIP
```

说明：请使用 ECS 的公网 IP 地址替换上述命令中的“EIP”。

然后在“Are you sure you want to continue connecting(yes/no)?”语句后输入“yes”，按【Enter】键。

再次输入密码（输入密码时，命令行窗口不会显示密码），输完之后直接按【Enter】键。

成功登录 ECS 后的命令行窗口如图 13.12 所示。

```
user@sandbox:~/Desktop$ ssh root@49.4.114.103
The authenticity of host '49.4.114.103 (49.4.114.103)' can't be established.
ECDSA key fingerprint is SHA256:3KbJEyHd9kIWe7+FSjPnhmUMC1aj8SuPcj8UBInoAbU.
Are you sure you want to continue connecting (yes/no)? yes
Warning: Permanently added '49.4.114.103' (ECDSA) to the list of known hosts.
root@49.4.114.103's password:
Welcome to Ubuntu 18.04.3 LTS (GNU/Linux 4.15.0-65-generic x86_64)

 * Documentation:  https://help.ubuntu.com
 * Management:     https://landscape.canonical.com
 * Support:        https://ubuntu.com/advantage

  System information as of Mon Apr 13 17:40:29 CST 2020

  System load:  0.0                Processes:           101
  Usage of /:   14.9% of 39.12GB   Users logged in:     1
  Memory usage: 40%                IP address for eth0: 192.168.0.206
  Swap usage:   0%

 * Kubernetes 1.18 GA is now available! See https://microk8s.io for docs or
   install it with:

     sudo snap install microk8s --channel=1.18 --classic

 * Multipass 1.1 adds proxy support for developers behind enterprise
   firewalls. Rapid prototyping for cloud operations just got easier.

     https://multipass.run/

149 packages can be updated.
98 updates are security updates.



        Welcome to Huawei Cloud Service

Last login: Mon Apr 13 14:44:48 2020 from 123.126.85.132
root@ecs-safe:~#
```

图 13.12　成功登录 ECS 后的命令行窗口

⑥ 输入以下命令获取 WAF 回源 IP 地址。

```
ping CNAME
```

说明：切换到实验操作桌面浏览器页面，返回“网站设置”页面，单击已创建的防护域名进入防护网站详情页面，如图 13.13 所示，查看并复制该页面中的“CNAME”值（别名）。用复制的“CNAME”值替换上述命令中的“CNAME”。

图 13.13　防护网站详情页面

成功获取 WAF 回源 IP 地址后的命令行窗口如图 13.14 所示，按【Ctrl+C】组合键退出当前命令执行模式，记录返回的 WAF 回源 IP 地址。

```
root@ecs-safe:~# ping 1635a4aaffac4a18baa74ee9935a3d64.vip1.huaweicloudwaf.com
PING 1635a4aaffac4a18baa74ee9935a3d64.vip1.huaweicloudwaf.com (117.78.24.34) 56(84) bytes of data.
64 bytes from ecs-117-78-24-34.compute.hwclouds-dns.com (117.78.24.34): icmp_seq=1 ttl=48 time=3.45 ms
64 bytes from ecs-117-78-24-34.compute.hwclouds-dns.com (117.78.24.34): icmp_seq=2 ttl=48 time=3.55 ms
64 bytes from ecs-117-78-24-34.compute.hwclouds-dns.com (117.78.24.34): icmp_seq=3 ttl=48 time=3.44 ms
64 bytes from ecs-117-78-24-34.compute.hwclouds-dns.com (117.78.24.34): icmp_seq=4 ttl=48 time=3.43 ms
64 bytes from ecs-117-78-24-34.compute.hwclouds-dns.com (117.78.24.34): icmp_seq=5 ttl=48 time=3.45 ms
^C
--- 1635a4aaffac4a18baa74ee9935a3d64.vip1.huaweicloudwaf.com ping statistics ---
5 packets transmitted, 5 received, 0% packet loss, time 4005ms
rtt min/avg/max/mdev = 3.430/3.467/3.553/0.077 ms
root@ecs-safe:~#
```

图 13.14　成功获取 WAF 回源 IP 地址后的命令行窗口

⑦ 输入以下命令。

```
vim /etc/hosts
```

然后按【i】键进入输入模式，配置 hosts，如图 13.15 所示。此时，服务器真实的域名被修改成了防护域名“sandbox188.hwcloudlab.com”。

```
127.0.0.1       localhost

# The following lines are desirable for IPv6 capable hosts
::1     localhost       ip6-localhost   ip6-loopback
ff02::1 ip6-allnodes
ff02::2 ip6-allrouters
127.0.1.1       localhost.vm    localhost
127.0.1.1       ecs-safe        ecs-safe
117.78.24.34    sandbox188.hwcloudlab.com
```

WAF回源IP地址　配置的防护域名

图 13.15　配置 hosts

⑧ 配置完成后按【Esc】键退出输入模式，输入以下命令，保存并退出。

```
:wq
```

⑨ 输入以下命令验证配置。

```
ping domainName
```

说明：用图 13.13 所示的防护域名替换上述命令中的“domainName”。

验证配置后的命令行窗口如图 13.16 所示。

```
root@ecs-safe:~# ping sandbox188.hwcloudlab.com
PING sandbox188.hwcloudlab.com (117.78.24.34) 56(84) bytes of data.
64 bytes from sandbox188.hwcloudlab.com (117.78.24.34): icmp_seq=1 ttl=48 time=3.48 ms
64 bytes from sandbox188.hwcloudlab.com (117.78.24.34): icmp_seq=2 ttl=48 time=3.54 ms
64 bytes from sandbox188.hwcloudlab.com (117.78.24.34): icmp_seq=3 ttl=48 time=3.53 ms
64 bytes from sandbox188.hwcloudlab.com (117.78.24.34): icmp_seq=4 ttl=48 time=3.52 ms
64 bytes from sandbox188.hwcloudlab.com (117.78.24.34): icmp_seq=5 ttl=48 time=3.46 ms
64 bytes from sandbox188.hwcloudlab.com (117.78.24.34): icmp_seq=6 ttl=48 time=3.43 ms
64 bytes from sandbox188.hwcloudlab.com (117.78.24.34): icmp_seq=7 ttl=48 time=3.50 ms
64 bytes from sandbox188.hwcloudlab.com (117.78.24.34): icmp_seq=8 ttl=48 time=3.47 ms
^C
--- sandbox188.hwcloudlab.com ping statistics ---
8 packets transmitted, 8 received, 0% packet loss, time 7011ms
rtt min/avg/max/mdev = 3.430/3.496/3.545/0.081 ms
root@ecs-safe:~#
```

图 13.16　验证配置后的命令行窗口

发现返回的 IP 地址与“CNAME”回源 IP 地址一致，按【Ctrl+C】组合键退出命令执行模式。至此防护域名配置完成。

（2）配置域名系统的别名解析

① 切换至“网站设置”页面，进入配置防护域名的防护网站详情页面，复制“CNAME”值，切换至“结果图”页面，粘贴该值到“CNAME”输入框，单击“绑定”按钮，绑定别名，如图 13.17 所示，此时，为服务器配置了别名域名“sandbox1035.hwcloudlab.com”。

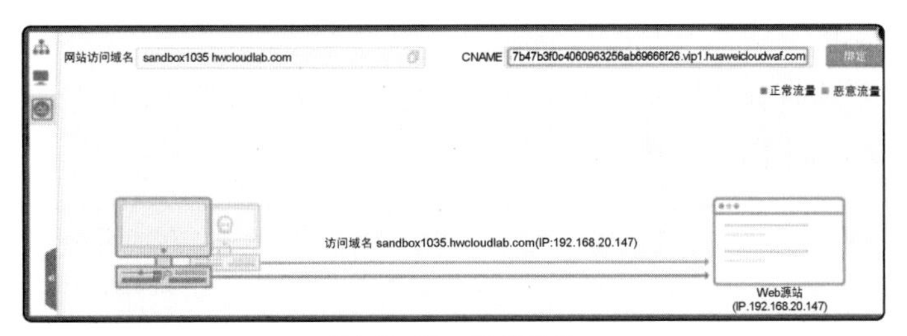

图 13.17　绑定别名

绑定成功后的页面如图 13.18 所示。

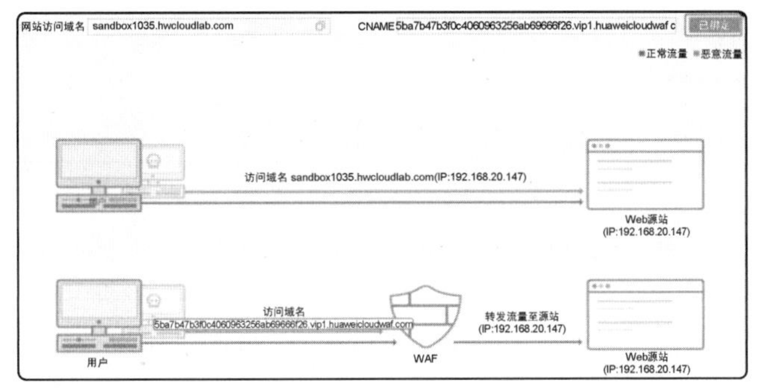

图 13.18　绑定成功后的页面

② 切换至防护网站详情页面，返回“网站设置”页面，单击“刷新”按钮，解析完成后，“接入状态”显示“已接入”，至此域名系统（Domain Name System，DNS）解析配置成功，如图 13.19 所示。

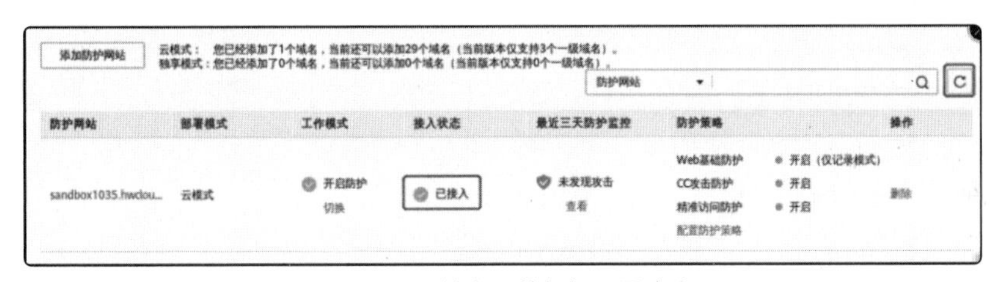

图 13.19　域名系统解析配置成功

3. WAF 防护体验

（1）查看防护事件

切换至“实验操作桌面”浏览器页面，进入“Web 应用防火墙 - 控制台”页面，在左侧菜单栏中选择“防护事件”，在右侧选择配置的防护域名，可查看已记录的防护事件，如图 13.20 所示。

时间	源IP	防护域名	URL	恶意负载	事件类型	命中规则	防护动作	操作
2020/12/03...	117.78.46.73	sandbox1035...	/index.php	sqlmap/1.4.4...	恶意爬虫	081075	仅记录	详情 误报处理
2020/12/03...	49.4.11.175	sandbox1035...	/index.php	sqlmap/1.4.4...	恶意爬虫	081075	仅记录	详情 误报处理
2020/12/03...	49.4.78.135	sandbox1035...	/index.php	sqlmap/1.4.4...	恶意爬虫	081075	仅记录	详情 误报处理
2020/12/03...	49.4.2.95	sandbox1035...	/index.php	sqlmap/1.4.4...	恶意爬虫	081075	仅记录	详情 误报处理

图 13.20　查看防护事件

（2）更改拦截模式

① 在左侧菜单栏中选择“网站设置”，单击“配置防护策略”超链接，将“Web 基础防护”设置为“拦截”模式，如图 13.21 所示。

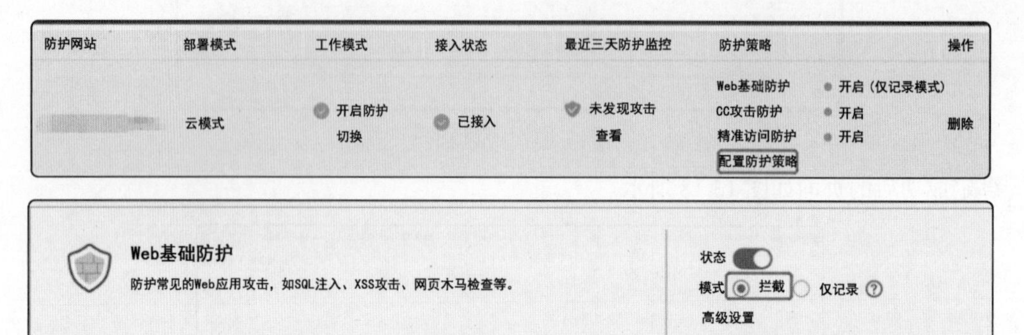

图 13.21　将“Web 基础防护”设置为“拦截”模式

② 单击“高级设置”超链接，将“防护等级”设置为“严格”，如图 13.22 所示。

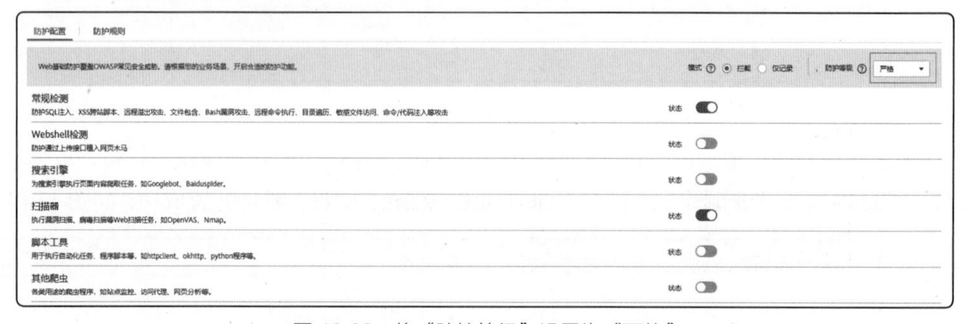

图 13.22　将“防护等级”设置为“严格”

③ 配置成功后的“网站设置”页面如图 13.23 所示。

图 13.23　配置成功后的“网站设置”页面

（3）误报处理

管理员排除攻击后，需要对攻击进行误报处理，确保后续类似请求不被 WAF 拦截。进行误报处理时应注意以下几点。

- 仅基于 WAF 预置的 Web 基础防护规则拦截或记录的攻击事件可以进行误报处理。
- 基于自定义的规则拦截或记录的攻击事件，无法执行误报处理操作，如果确认该攻击事件为误报的，可将该攻击事件对应的防护规则删除。
- 进行误报处理后，相关配置在约 1min 后生效，攻击事件详情列表中将不再出现此误报。刷新浏览器缓存，重新访问设置了误报屏蔽的页面，验证是否配置成功。
- 同一个攻击事件不能重复进行误报处理，即如果该攻击事件已进行了误报处理，则不能再对该攻击事件进行误报处理。

在当前实验操作桌面浏览器页面左侧菜单栏中选择“防护事件”，单击相应的“误报处理”

超链接，在弹出的“误报处理”对话框中单击“确认添加”按钮，如图 13.24 所示，即可进行误报处理。在实际环境中根据自己的需要进行误报处理。

图 13.24　误报处理

等待约 1min 后，设置生效。攻击事件详情列表中将不再出现此误报。在左侧菜单栏中选择“防护策略”，进入“防护策略”页面，单击“所有策略规则”，滚动页面，在“误报屏蔽”处可看到刚添加的误报屏蔽策略，如图 13.25 所示。

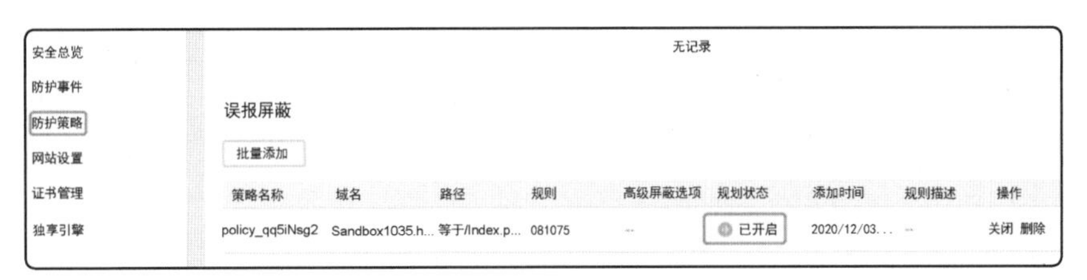

图 13.25　查看误报屏蔽策略

13.4　知识拓展——信息安全相关关键技术

13.4　信息安全关键技术

信息安全相关关键技术包括网络安全技术、应用安全技术、数据安全技术、物理安全技术等，下面详细介绍网络安全技术中的常见技术。

1. 虚拟网技术

虚拟网技术基于局域网交换技术。局域网交换技术将传统的基于广播的局域网技术发展为面向连接的技术。因此，网管系统有能力限制局域网的通信范围而无须通过开销很大的路由器实现，网络层通信可以跨越路由器，攻击可以从远方发起。

2. 网络防火墙技术

网络防火墙技术是一种用来加强网络之间访问控制的技术，可以防止外部网络用户以非法手段通过外部网络进入内部网络访问内部网络资源。网络防火墙是保护内部网络操作环境的特殊网络互联设备，它将两个或多个网络之间传输的数据包按照一定的安全策略实施检查，以决定网络之间的通信是否被允许，并监视网络运行状态。

防火墙产品主要有堡垒主机、包过滤路由器、应用层网关（代理服务器）、电路层网关、屏蔽主机防火墙、双宿主机等。在5层网络安全体系中，防火墙属于网络层安全技术范畴。如果所有的IP地址都能访问企业的内部网络系统，则说明该企业内部网络还没有在网络层采取相应的防范措施控制对系统的访问。

3. 入侵检测技术

利用防火墙技术，经过仔细配置，通常能够在内外网之间提供安全的网络保护，降低网络安全风险。但是，仅使用防火墙对网络安全来说还远远不够，因为防火墙存在一些缺陷：入侵者可寻找防火墙可能敞开的“后门”；入侵者可能就在防火墙内；由于性能的限制，防火墙通常不具备实时入侵检测能力。

入侵检测技术是新型网络安全技术，目的是提供实时的入侵检测及采取相应的防护手段，如记录证据用于跟踪和恢复、断开网络连接等。实时入侵检测能力之所以重要，首先是因为它能够对付来自内部网络的攻击，其次是因为它能够有效防御黑客入侵。当前监控系统可分为基于主机的安全监控系统和选择入侵监视系统。

基于主机的安全监控系统具备如下特点。

① 可以精确地判断入侵事件。

② 可以判断应用层的入侵事件。

③ 可以对入侵事件立即进行反应。

④ 针对不同操作系统的特点进行监控。

⑤ 占用主机资源。

4. 病毒防护技术

病毒历来是信息系统安全的主要问题之一。由于网络的广泛互联，病毒的传播速度也大大加快。

病毒防护的主要方法如下。

① 阻止病毒的传播。主要措施包括在防火墙、代理服务器、简单邮件传送协议（Simple Mail Transfer Protocol，SMTP）服务器、网络服务器、群件服务器上安装病毒过滤软件，在PC上安装病毒监控软件。

② 检查和清除病毒。主要措施为使用防病毒软件。

③ 升级病毒数据库。病毒数据库应不断更新，并下发到桌面操作系统。

④ 限制控件下载和安装。在防火墙、代理服务器及PC上安装Java及ActiveX控制扫描软件，禁止未经许可的控件下载和安装。

5. 安全扫描技术

在网络安全技术中，另一类重要技术为安全扫描技术。安全扫描技术与防火墙、安全监控系统互相配合能够提供具有很高安全性的网络。基于网络的安全扫描主要扫描设定网络内的服务器、路由器、网桥、交换机、访问服务器、防火墙等设备的安全漏洞，并可设定模拟攻击，以测试系统的防御能力。

6. 认证和数字签名技术

认证技术主要解决网络通信过程中通信双方的身份认证问题。数字签名是认证技术中的一种具体技术，可用于通信过程中的不可抵赖性的实现。认证技术将应用到企业网络中的以下方面。

① 路由器认证，即路由器和交换机之间的认证。

② 操作系统认证，即操作系统对用户的认证。

③ 网管系统与网管设备之间的认证。

④ 虚拟专用网网关设备之间的认证。

⑤ 拨号访问服务器与用户之间的认证。

⑥ 应用服务器（如 Web 服务器）与用户之间的认证。

⑦ 电子邮件通信双方之间的认证。

7. VPN 技术

企业总部和各分支机构之间采用互联网进行连接，由于互联网是公用网络，因此，必须保证其安全性。我们将利用公共网络实现的私用网络称为虚拟专用网络（Virtual Private Network，VPN）。因为 VPN 利用了公共网络，所以其弱点在于缺乏足够的安全性。企业网络接入互联网存在两个主要危险：来自互联网的未经授权的对企业内部网络数据的存取；当企业通过互联网进行通信时，信息可能受到窃听和非法修改。企业网络的全面安全要求：通信过程不被窃听；通信主体真实性确认，即网络上的计算机不被假冒。完整的集成化的企业范围的 VPN 安全解决方案提供在互联网上安全的双向通信与透明的加密方案以保证数据的完整性和保密性。

8. 应用系统的安全技术

在利用域名服务时，主要采取的措施如下。

① 内部网络和外部网络使用不同的域名服务器，隐藏内部网络信息。

② 域名服务器及域名查找应用安装相应的安全补丁。

③ 对付拒绝服务（Denial of Service，DoS）攻击，应设计备份域名服务器。

加强电子邮件系统的安全性，通常有如下办法。

① 设置一台位于安全区的电子邮件服务器作为内外电子邮件通信的中转站（或利用防火墙的电子邮件中转功能）。所有收发的电子邮件均通过该中转站中转。

② 为电子邮件服务器安装监控系统。

③ 电子邮件服务器作为专门的应用服务器，不运行任何其他业务（切断与内部网络的通信）。

④ 升级到最新的安全版本。

13.5 创新设计——人工智能对信息安全的利弊

机器学习是指计算机识别数据模式并使用这些模式执行任务和解决问题。具有机器学习能力的系统从算法中学习，并发展出可以做出预测或决策的能力。由于能够快速处理大量数据，具有集成机器学习能力的网络安全系统可以更准确地预测和预防攻击。

人工智能在网络安全领域的典型应用场景，如钓鱼识别、网络安全检测、异常检测、Web 安全防护等，有十分显著的作用。请大家查阅资料，思考以上几个场景使用了哪些技术和算法。

13.6 小结

本项目以信息安全技术为例，引领读者学习了信息安全相关概念、信息安全检测等基础知识；通过密码技术、信息安全加密技术让读者感受到信息安全技术的魅力；带领读者体验了华为云 WAF；拓展性地介绍了信息安全相关关键技术。读者阅读完本项目后，可以对人工智能与信息安全有系统的认识，为今后的学习和工作打下基础。

项目14

人工智能与机器人

14

2016年，在中央电视台春节联欢晚会广东广州分会场上，酷炫登场的540个智能机器人集体表演了舞蹈《心中的英雄》，它们一出场就博得了全场观众的喝彩。从那天起，这些跳舞的智能机器人就红遍了大江南北，也引起了社会对智能机器人的广泛关注。

这些智能机器人能完成一系列高难度动作，它们的表演实际上展示了智能机器人背后强大的人工智能。

本项目将介绍智能机器人的概念和相关技术，带领大家回顾机器人的历史，对其做出基本分类，并以银行智能机器人为例解析人工智能在智能机器人领域中的具体运用。

知识目标

- 理解智能机器人的概念、历史。
- 掌握智能机器人的分类。
- 了解智能机器人的前沿技术。

技能目标

- 能够描述银行智能机器人的工作过程。
- 能从技术设计的角度理解智能机器人的形态、结构、功能、人机交互等知识，了解这些知识在机器人设计中的内在联系和应用。

素养目标

- 培养创新精神。
- 培养动手实践能力。

14.1 任务导入

14.1 人工智能与机器人的应用

随着人工智能的迅猛发展，越来越多的智能机器人走进人们的生活当中。在人工智能出现之前，绝大多数生产过程需要人类参与，生产力的提高伴随着对劳动力需求的增长。人工智能机器人的好处是显而易见的，它用来服务人类，解放人类劳动力，帮助人类完成一些重复、复杂、高精度、危险的工作。比如医院的导诊机器人，其“脑袋”里存储着医院的地图、所有科室的位置、常见病症对应的科室信息和常见的问询知识等。它们会自动巡逻、四处游走，为患者提供咨询、导航和导诊等服务。还有救灾机器人，主要用于灾害现场的清理，同时兼顾侦查、通信等功能。

智能机器人可以代替人类做危险和重复枯燥的工作，省时省力，提高工作效率，创造经济价值，在金融、工业、医学等领域都起到比较重要的作用。得益于人工智能、大数据、人机交互等技术的发展，机器人越来越智能，成为助力银行产业升级和改造的突破口，大大提高传统银行的核心竞争力。首先，银行智能机器人可以减少实体网点运营成本。银行智能机器人通过主动询问顾客业务需求，引导顾客使用银行网点自助设备，并悉心指导顾客操作自助设备，有效地提高了自助设备的使用率，继而促进网点离柜业务的高效转化，降低实体网点运营成本。其次，银行智能机器人有利于增加网点营销收益。银行智能机器人亲和友好的外形具有天然吸引力，加上其可以主动与顾客交流的产品特性，赋予了它良好的营销功能优势。银行智能机器人利用顾客在网点的碎片化时间，可以快速、高效地为手机银行 App 或微信公众号等获客，提升线上引流能力，同时可基于人工智能实现精准营销，助力网点金融商品的营销成功率。最后，银行智能机器人可以提升网点顾客服务体验。银行智能机器人回答业务咨询迅速、准确，还能全程陪同并指导顾客办理业务，可节约顾客在银行的等待及业务办理时间，给顾客带来智能、高质量的银行服务体验。

随着人工智能技术的深入应用，智能机器人在智能分析、人机交互、数据分析、环境感知等方面的能力会越来越强，未来的机器人将不再是冰冷的机器，其思维方式与行为模式会越来越接近于人类，可以极大降低人类工作量。

14.2 相关知识

智能机器人已经在我们的生活中崭露头角。那么什么是智能机器人呢？智能机器人的历史分为几个阶段呢？智能机器人是如何分类的？下面介绍智能机器人的相关知识。

14.2 智能机器人的基本知识

14.2.1 智能机器人概念

智能机器人是人工智能研究的载体，又称第三代机器人。国际标准化组织（International Organization for Standardization，ISO）对机器人的定义是：“机器人是一种可编程和多功能的，用来搬运材料、零件、工具的操作机，或是为了执行不同任务而具有可改变和可编程动作的专门系统。”目前国际上仍没有关于智能机器人的统一定义，但也形成了较为统一的认知，即智能机器人是一种具有感知、思维和动作 3 个要素的机器系统。感知要素是指智能机器人能够感受和认识外部环境；思维要素是指智能机器人可以利用外部装配设备获得信息，制订对策方案，解决问题；动作要素是指智能机器人具有可以完成作业的机构和驱动装置，能够对外界做出反应，完成操作者下达的命令。

14.2.2 机器人的历史

1959 年第一台工业机器人问世后，机器人在全球范围内得到了迅速的发展，美国、日本、等国起步较早，许多机器人制造公司研制了大量的机器人产品，如日本安川机器人、德国 KUKA 机器人、瑞典 ABB 机器人、美国波士顿动力机器人等，它们在工业领域和其他领域得到了广泛的应用。图 14.1 所示为波士顿动力公司研制的机器狗，它具有跑、跳、开门、翻滚、跳舞、做俯卧撑等功能。我国机器人研究起步于 20 世纪 70 年代，至今已得到长足的发展，有的方面已经达到了世界先进水平。图 14.2 所示为深圳市优必选科技股份有限公司研制的 Alpha 机器人，它可以模仿人类的骨骼肢体动作进行舞蹈表演。

图 14.1 波士顿动力公司研制的机器狗

图 14.2 Alpha 机器人表演舞蹈动作

机器人的历史大概可以分为以下 3 个阶段。

第一阶段是工业机器人，它主要应用于工业制造方面，如机械手臂等。工业机器人在机械结构上有类似人的脚、腰、大臂、小臂、手腕、手掌等部分。

第二阶段是带感觉的机器人，它能实现类似人在某种方面的感觉并进行判断，比如通过力觉、触觉、听觉来判断力的大小和滑动的情况。

第三阶段就是人工智能机器人，它具有识别、推理、规划和学习等智能机制，可以把感知和行动智能化结合起来，因此能在非特定的环境下作业，也称为智能机器人。目前，这类机器人处于试验阶段，未来将向实用化方向发展。

目前机器人的智能远远不能和人的智能相比，还处在初级阶段，与文学和科幻作品中的机器人相差甚远。即便如此，人们还是对机器人特别是智能机器人的发展寄予热切的期望。这是因为，哪怕智能机器人的智能程度只取得了微小的进步，也会给人类的生产活动和社会生活带来巨大的收益。

14.2.3 机器人分类

机器人作为人类智能研究的产物，自其诞生之日起，本身就具有为人类提供服务的功能属性。随着技术的发展和人们对机器人的使用需求的增长，机器人越来越智能化、普遍化，具有更强的“自主意识”，甚至在某些领域中胜过人类。

根据不同标准，机器人有不同的分类方法，具体如下。

1. 从应用环境的角度划分

从应用环境的角度，可以将机器人划分为工业机器人和服务机器人。工业机器人是指应用于工业领域中的多关节机械手或多自由度机器人，是一种能够靠自身动力和控制系统自动执行工作的机器装置。服务机器人则是应用于军事、文娱、医疗等服务领域中，一种能够半自主或全自主地完成有益于人类的服务工作的机器人。

2. 从外观的角度划分

从外观的角度，可以将机器人划分为普通机器人和类人型机器人。普通机器人外形并不像人，但具有机器智能。类人型机器人具有人类外观，可以模拟人类行走和许多基本操作功能，承载了许多高科技成果。

3. 从功能的角度划分

从功能的角度，可以将机器人划分为传感型机器人、交互型机器人和自主型机器人。传感型机器人又称为“外部受控机器人”，这种机器人体内含有执行机构和感应机构，不含任何智能处理单元，工作中受含有完备智能处理单元的外部计算机控制，根据机器人视觉、听觉、触觉等传感系统所采集的信息和机器人自身状态、运行轨迹等，对机器人的行为动作进行有效控制。交互型机器人具有语言交流功能，可以利用计算机系统实现人机对话，自行规划轨迹、简单避障，但仍无法独立完成复杂的智能行为。自主型机器人具有自主性、适应性和交互性特点，能够不受他人控制在环境中完成特定任务，还能够与人、外部环境、计算机和其他机器人进行信息交换，是一种智能化程度较高的机器人。

14.3 任务实施——银行智能机器人的设计与实现

银行智能机器人设计的主题是“科技”，使用诸多先进技术，实现科技服务、查询等操作。因此，需要从视觉效果和使用体验两方面给予顾客新奇感、科技感，在方便顾客的同时提升顾客体验。下面介绍银行智能机器人的设计与实现。

1. 目标与要求

机器人的设计需要综合多方面因素进行考虑，包括功能、成本、外观、工艺以及技术等。基于市场调研，银行智能机器人应具备商业银行智能客服的通用功能。本任务中，智能机器人的设计目标与要求如下。

（1）具有“自主意识”：根据实际情况，灵活地移动、躲避障碍物；能够执行指令，开展深度自主学习，具备行为表达及与人交流等能力。

（2）操作便捷、安全，能够使用语音等操作方式控制，符合人机工程学要求。

（3）能够在银行各个营业厅的环境内工作，实现迎宾、业务处理、终端服务、娱乐等功能。

（4）不受营业厅环境变化的影响，能够全天运行。

（5）行为可以自主完成，也可由操作人员控制完成。

（6）设计美观，符合大众审美和银行营业环境。

（7）生产便利、技术先进、成本低。

14.3　智能机器人的系统设计

2. 智能机器人形态设计

根据设计目标与要求，智能机器人的形态在经过“头脑风暴”法筛选后，确定以“铠甲战士”的形态为基本元素，如图 14.3 所示。确定基本元素后，充分对基本元素进行再处理，扩散思维，突出智能机器人的形态特征，完成形态手绘稿，如图 14.4 所示。

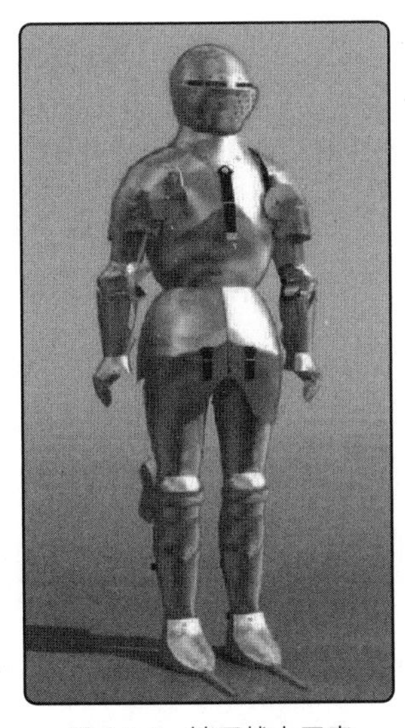

图 14.3　铠甲战士元素

图 14.4　形态手绘稿

经过不断的优化设计，形成了几套初步设计方案，效果如图 14.5 所示。

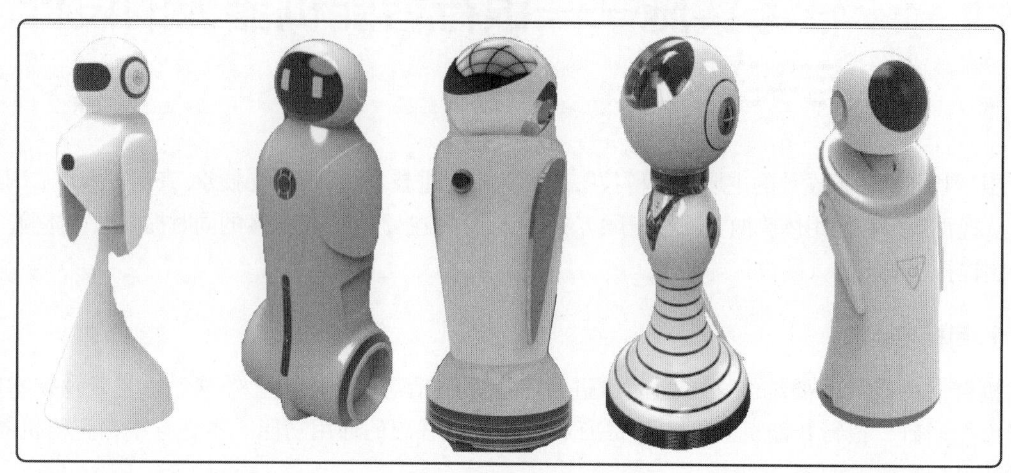

图 14.5　初步设计方案效果

经过反复讨论，选定图 14.5 中的第二款设计方案。按照工作进程，对方案进行优化处理。根据功能设计要求，将刷卡、显示等功能添加在机器人上，显示屏位于机器人头部和胸口部位，刷卡器和音响左右对称分布在显示屏两侧，部件颜色与躯体颜色一致，弱化视觉上的突兀感，保证整体的简洁特征，将隐藏摄像头安置在面部，如图 14.6 所示。继续优化方案，将刷卡器放置在显示屏上部，色彩选用暗红色，其视觉效果类似领结，取消音响，并进行少量非功能性外观优化，如图 14.7 所示。进一步优化方案，优化底盘结构，采用四轮驱动模式，增加红外雷达探头及票据打印设备，并进行少量非功能性外观优化，如图 14.8 所示。

通过反复讨论研究，取消刷卡器突出的结构，改用射频感应和插入式的读卡模式，取消打印设备，保持机器人整体的整洁，最终设计方案定型。进行计算机建模，如图 14.9 所示，随后进入样机生产阶段。

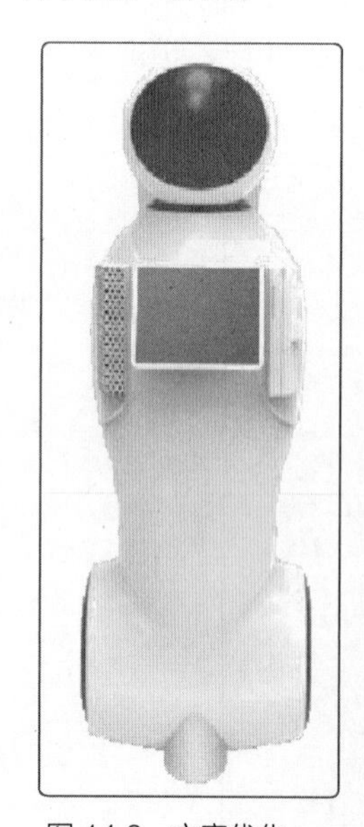

图 14.6　方案优化一

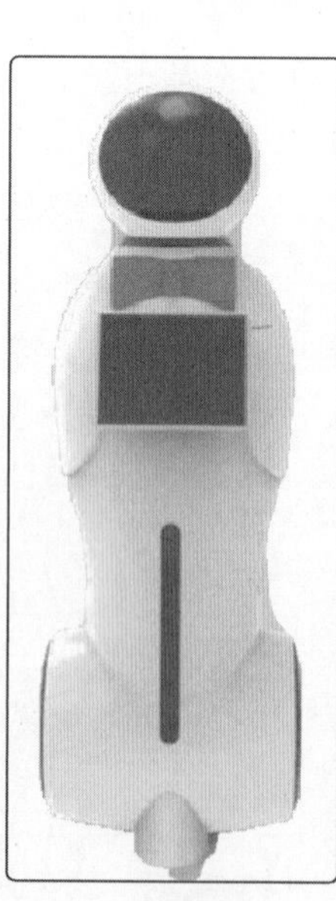

图 14.7　方案优化二

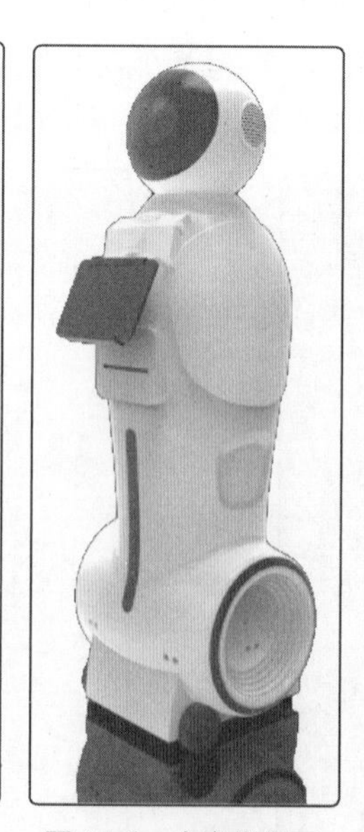

图 14.8　方案优化三

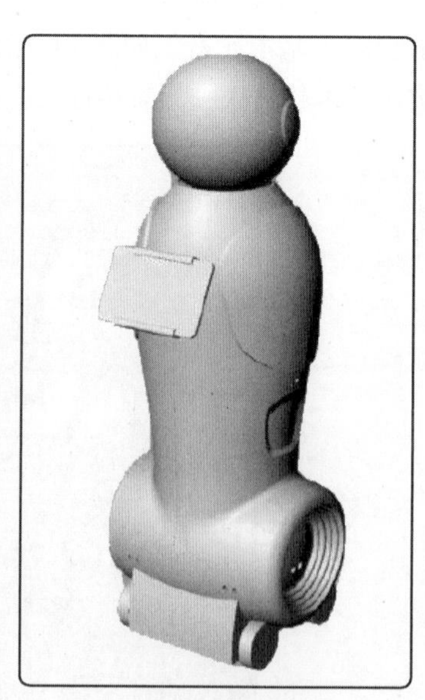

图 14.9　计算机建模

设计方案效果如图 14.10 ～图 14.13 所示。本款机器人的设计创意以现代感、科技感、未来感为主要视觉效果。该机器人的外观尺寸为高1650mm、宽530mm、厚430mm。该机器人的实际使用情况如图14.14所示。

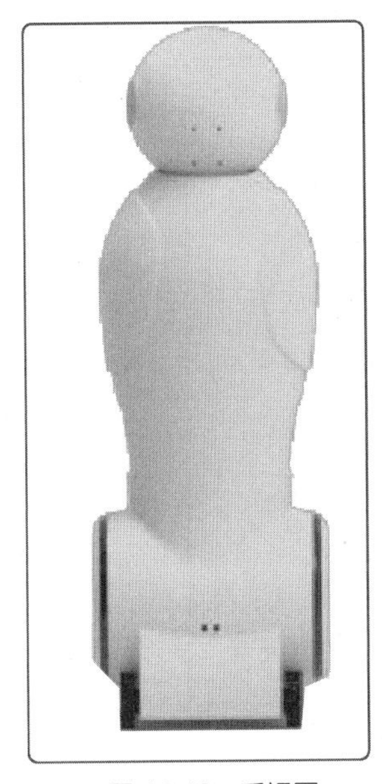

图 14.10　后视图

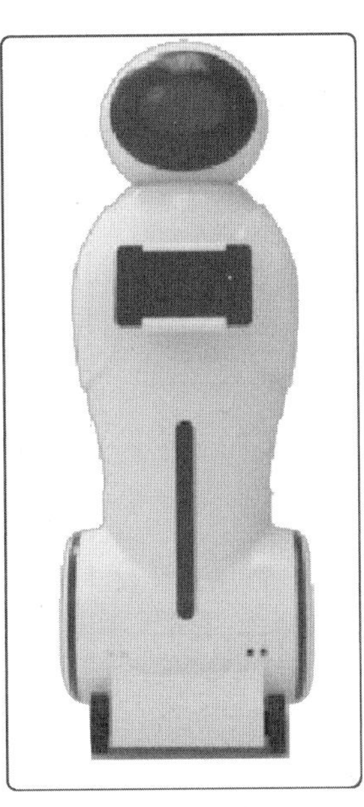

图 14.11　正视图

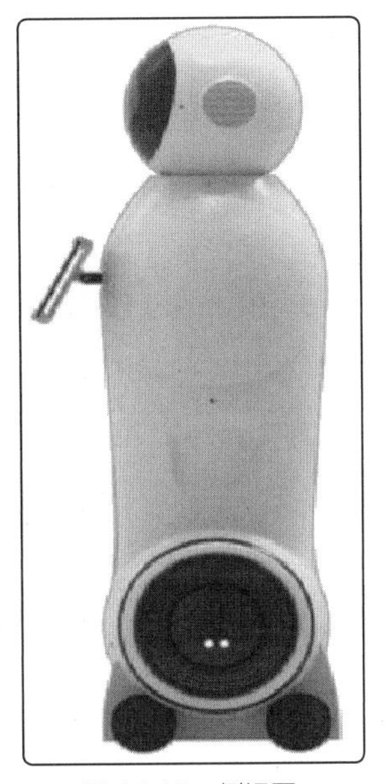

图 14.12　侧视图

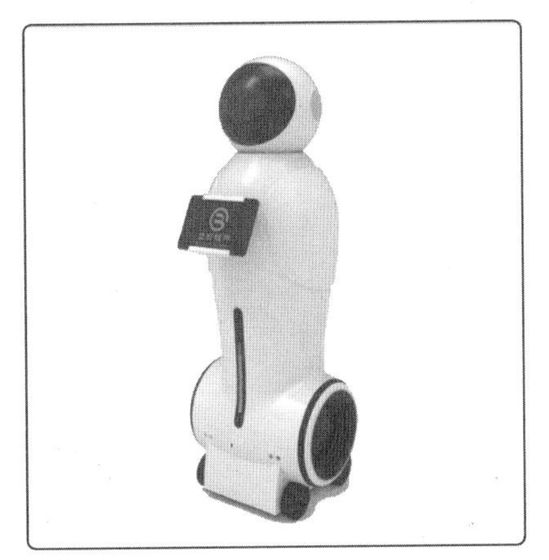

图 14.13　斜视图

图 14.14　机器人的实际使用情况

3. 智能机器人结构设计

本款机器人躯干以框架结构为主，如图14.15、图14.16所示，每层由4根金属立柱和平面金属板材垂直固定形成，多组累加形成分层式整体框架结构，层数较多，有利于整体架构的稳定，也有利于安放空间的扩展。

立柱长短和平面金属板材面积及连接点位置根据内部空间的功能划分和配件规格设定。立柱和板材之间用螺栓紧固，并对二者接触面进行磨砂处理。板材上安装长短不一的外延支架，以方便配件的安装。通过螺钉将躯干整体固定在底盘上，如图14.17所示。本款机器人底盘结构采用整块长方形铝合金板材，易加工，保持材料原有的结构力，支撑全部重量，板材厚度为7mm。本款机器人采用四轮驱动，每组驱动结构采用固定独立悬挂的形式。驱动结构由车轮、直流电机和减速器构成。图 14.18 所示为底盘实物。本设计方案中，使用直流电机和减速器集成一体的减速电机。直流电机固定在底盘的两个卡槽内，这样能够保证驱动结构的牢固性。

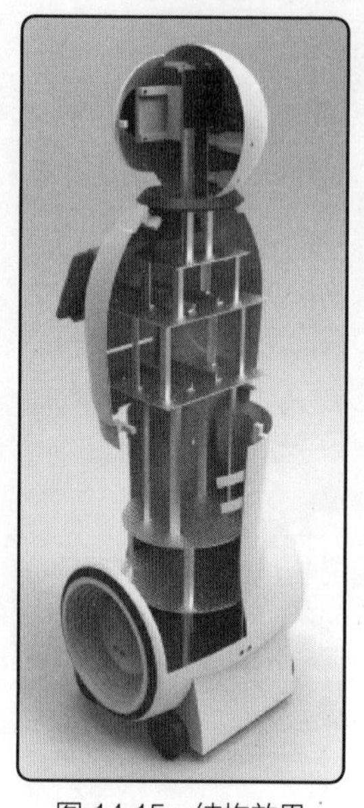

图 14.15　结构效果

图 14.16　结构色彩示意

图 14.17　躯干和底盘连接

图 14.18　底盘实物

4. 功能任务调度设计

银行智能机器人的任务调度系统是一个多功能并发的智能调度系统，包括如下部分。

（1）任务信源：语音信源、触控信源、远程信源、自控信源。

（2）中枢任务层：负责将银行智能机器人多方面信源信息编译成可解读代码，并且通过脚本执行代码。

（3）任务执行层：接收中枢任务层的执行代码，通过任务并行、任务优先等多方面处理，优化执行结构，运行执行机构。

5. 人机交互功能设计

银行智能机器人是针对银行营业厅的具体环境而设计的。在设计过程中借鉴了国内外先进服务机器人的设计思路，结合“服务至上，以人为本”理念，优化人机交互体验，设定银行智能机器人的功能，具体功能如下。

（1）预约功能。顾客准备前往银行营业厅办理业务，通过银行智能机器人移动终端预约和查看，并得到营业厅工作状态的实时反馈，主要包括查询是否开设某业务、人员密集程度、距离最近的营业厅，以及营业厅最优选择等服务。

（2）迎宾功能。顾客进入营业厅，银行智能机器人与门控系统相连获知顾客进店，发出表示欢迎的语音并在头部显示屏显示微笑表情，为顾客提供愉悦感和温馨的人机交互体验。

（3）分流功能。对于预约到营业厅办理业务的顾客，银行智能机器人根据办理业务的不同，首次分流顾客，例如小额存取款顾客被分流到自助设备；需要柜台办理的，给予排队号码，按窗口分流。其中业务办理需要填单的，则提供由银行智能机器人主动填写电子式表单和由顾客填写的选择项，并以顾客的生物特征（如指纹、虹膜）信息为同意证据，代替手写填单和签字，最后通过后台程序共享至服务窗口。分流时，根据顾客办理业务类型的特征，如数量、时效等，适当调整窗口业务类型的分配格局。

（4）人机交流功能。银行智能机器人不仅可以通过显示屏表达情感、显示信息，还可以与顾客进行语音对话交流。依靠语音识别技术，银行智能机器人可以识别人类语言，用自然语言处理技术将语音信号转化成编译代码，通过后台智能搜索、云计算、大数据、互联网等信息技术搜索确定回答的最佳答案，并且能够记忆存储已回答过的问题及答案。银行智能机器人还可以唱歌、提供新闻等。通过与顾客交流，触发顾客的好奇感，能有效缓解顾客等候期间的无聊。

（5）多语言系统功能。银行智能机器人与顾客交流时，能够先分辨出语种，同时在显示屏上切换成一致的语言。

（6）特殊人群关照功能。对于有生理缺陷或生理功能较弱的人群，需要简化办理流程。例如对于盲人，银行智能机器人需要通过三维空间成像技术提供方位定位功能，引导盲人脚步移动、手臂移动、脸部移动等，使其不用碰触银行智能机器人就能准确操作，如通过语音系统进行操作。对于聋人，则需要使用显示屏提供信息，界面以文字和图片标识为主，尽可能表达清楚业务的功能、类型。对于老年人，银行智能机器人可采用简洁的语音、显示画面、操控画面与顾客进行交流，并指导操作。

6. 安全性功能设计

没有绝对安全的机器人，只有确保安全的应用。根据研究表明，许多机器人事故是在编程、维护、测试、设置或调整等非常规操作条件下发生的。随着智能机器人逐渐应用于生产生活的各个领域，安全性也成为智能机器人研究的重要方向之一，智能机器人安全性的研究正向着准确快速的环境判断、良好的控制等方向发展。智能机器人的安全性功能设计主要包括以下几个方面。

（1）顾客账户安全

智能机器人通过面部识别、指纹识别、语音识别、虹膜识别等技术，确保顾客账户、密码的安全，随着技术的发展，未来可能通过脑电波方式进行控制。

（2）自身安全

智能机器人的自我保护功能如下。

第一，智能机器人的结构具有一定的安全性、稳定性，材料具有一定的抗断裂、抗形变的特性，内部布局合理，机械部件组装牢固，具有一定密封性和合理的散热通道。

第二，智能机器人具备一定的密闭防水功能，当水灾严重时，智能机器人在自身具有防水功能的同时能够自动切断电源，避免短路、触电。另外，智能机器人有一定的漂浮功能，在遇水情况下减少浸水体积。

第三，智能机器人具备自身动力源的保护功能。在动力源缺失的情况下，能够主动预警并找寻充电装置，保证动力源的稳定，确保其他零部件的使用安全，合理优化工作流程，提高动力源效率。在紧急情况下，智能机器人能够合理分配动力源。

第四，智能机器人外观使用防火隔热材料，能起到一定的防火作用，当遇到重大火灾时，智能机器人能主动远离火源，逃至安全区域。

第五，智能机器人采用GPS和红外雷达探测移动，躲避障碍物，并在移动至障碍物附近时，发出预警提示并自动移位躲避。智能机器人采用独立四驱形式移动，并设有电子限滑技术，确保动力稳定、充足、不流失。智能机器人采用陀螺仪稳定技术，提高在移动过程中的平稳性。

第六，智能机器人的外观结构中，局部使用碰撞爆破材质，在倾倒触地时，形成安全气囊，最大程度上保护智能机器人安全。

（3）环境安全

智能机器人具有保护周边环境安全的功能。

第一，当营业厅遇到火灾情况时，智能机器人通过感应温度的变化，准确判断火情，迅速报警并将相关数据传送至消防部门。在一定限度下，智能机器人可以充当消防的灾情观察员，将灾情的实时画面传送回外界，以便于指挥。

第二，发生盗抢犯罪时，智能机器人与银行安保系统互联能够准确判断盗抢行为的发生，及时报警，并将实时画面记录和传送至警察部门。智能机器人在偷盗犯罪现场，通过三维空间成像技术形成三维立体空间，运用热成像技术，获取罪犯的身体生理特征，确定罪犯位置、人员数量。智能机器人在抢劫犯罪现场，能够与监控系统互联实时跟踪罪犯位置的变化，自动捕捉罪犯身体特征和脸部识别，记录骨骼结构、虹膜等特征，即便罪犯进行脸部遮盖，也能形成独一无二的确凿证据。当罪犯切断营业厅网络和电力时，机器人能够形成独立区域网络发射器，外界通过远程监控，实时掌握犯罪现场。在抓捕犯罪时，机器人能够发出强光和高频噪声，短时间内使罪犯失去抵抗能力，为抓捕创造机会。

7. 银行智能机器人的业务优化

经反复优化，银行智能机器人开展业务情况如下。

（1）顾客进入营业厅时，银行智能机器人根据顾客特征识别顾客身份给予不同的安排，对于重点顾客提供贵宾通道服务，对于特殊人群则提供更加人性化、便利的服务。

（2）识别顾客身份后，银行智能机器人可根据顾客行为习惯和业务需求频率的后台统计数据，在显示屏中优化推送常用业务办理选项。顾客可以根据需求设定在固定时间段办理定向业务。

（3）常规业务由银行智能机器人将顾客引导分流至自助办理的机器完成。银行智能机器人采用脸部识别、指纹识别等快速识别技术，与后台数据平台相连，完成信用审核、安全验证等程序，减少柜面办理的排队等候时间，简化处理、降低费用、减少手续、增加或删减附带业务。

（4）银行智能机器人拥有银行详尽、具体的业务背景信息数据，可以充分回答顾客相关业务问题，可以通过物联网实现与银行网络数据平台的连接，并且能够自主学习。

（5）银行智能机器人可以提供管家式服务，推送有效信息至顾客移动终端，对重点顾客进行投资指导，帮助顾客进行资产管理及数据市场分析。

（6）银行智能机器人可实现业务数据的统计分析，统计各项业务办理频率、办理效率、办理时间点、业务总量、顾客类型、顾客需求等，为银行发展提供参考资料。

（7）银行智能机器人与柜面人工操作平台互联，可实现数据实时共享，便于银行智能机器人智能调节人员分流、窗口分流。营业厅设置多台机器人时，机器人之间可以实现互联模式，协调分工处理各项工作任务。

14.4 知识拓展——智能机器人前沿技术

现在，智能机器人的应用满足了越来越多人生产、生活的需求，随着经济及技术的发展，未来智能机器人将被赋予更多可能性，人类多样化的需求增长也要求智能机器人具备更加丰富、高效的功能。目前，智能机器人主要涉及以下前沿技术。

1. 多传感器信息融合技术

智能机器人自身往往具有一个或多个传感器，它们根据用途不同可区分为外部测量传感器和内部测量传感器。外部测量传感器主要帮助智能机器人获得外部数据信息，包括视觉传感器、触觉传感器、角度传感器等。内部传感器则帮助智能机器人校测内部组成部件的状态，包括方位角度传感器、加速度传感器、角速度传感器等。多传感器信息融合技术能够综合处理多个传感器的感知数据，更加完善、准确地检测对象特性，以获取更加可靠、全面的信息。

2. 导航与定位技术

实现在静态障碍物和动态障碍物组成的非结构环境下的高效安全定位、避障与导航是智能机器人研究的关键技术之一。导航技术能够利用摄像头等物理设备或多种传感器进行目标识别和障碍物检测，通过对自身所处环境的理解，实现全局定位和简单避障，保障智能机器人顺利执行任务且不受外界障碍物和移动物体的伤害。定位技术则运用被动式传感器系统感知智能机器人自身运动状态，累计计算获得定位信息或运用主动式传感器系统感知外部环境或人为路标，匹配预设模型，获知当前相对位置与定位信息。

3. 路径规划技术

寻找到一条正确完成任务的最优路径是路径规划的优化准则和最终目的。在导航与定位技术所获取的场景信息背景下，融入遗传算法、模糊算法、神经网络算法等人工智能路径规划技术能够大大提高智能机器人路径规划的精度、准确度与速度，从而满足实际应用需求。

4. 智能控制技术

智能控制技术是指在感知所处环境的基础上，智能机器人根据自身规则库和知识库，做出相应决策，精确、连续地完成操作及运动任务。智能机器人的智能控制技术有神经网络控制、模糊控制、智能技术融合控制等。

5. 人机接口技术

人机接口技术研究怎样实现人与计算机顺畅沟通，实现人机互动。它要求智能机器人控制器有完善的人机界面和能够理解与表达话语、文字的系统。人机接口技术已取得显著成果,文字识别、图像处理、机器翻译和语音识别等技术都已广泛地应用于实际生活中。

14.5 创新设计——智能机器人的创新设计

近年来，新一代智能机器人的不断研发使智能机器人具有更强的自主学习能力，能够通过互联网、大数据、云计算等技术具有更强大的计算能力，人类生活需求的增长进一步推动了智能机器人的发展，智能机器人的应用领域因此不断拓展，并带动市场销量快速提升。银行智能机器人就是智能机器人拓展应用领域的尝试。智能机器人是未来生活中必不可少的对象，可以被亲切地称为“人类的新伙伴”。

智能机器人做护理工作或者做家务等会给人类的生活带来怎样的改变呢？智能机器人在现实生活中有哪些具体应用？如何实现与智能机器人和谐相处呢？请读者查阅相关资料，发挥自己的想象力，回答以上问题。

14.6 小结

本项目以银行智能机器人为例，引领读者学习了智能机器人的设计目标、设计要求，使读者对智能机器人形态设计、结构设计、功能任务调度设计、人机交互功能设计等有了初步的认识，并了解了智能机器人的概念、分类和前沿技术。读者阅读完本项目后，可以对智能机器人的设计与实现过程有系统的认识，为今后智能机器人的设计与开发打下基础。